第三册

布封

鸟的世界

〔法〕布封 著　〔法〕弗郎索瓦-尼古拉·马蒂内 等 绘

罗　俐　尚俊峰 译

人民文学出版社
PEOPLE'S LITERATURE PUBLISHING HOUSE

图书在版编目(CIP)数据

布封：鸟的世界.第三册/(法)布封著；(法)
弗郎索瓦-尼古拉·马蒂内等绘；罗俐,尚俊峰译.
—北京:人民文学出版社,2016
(99博物艺术志)
ISBN 978-7-02-011850-2

Ⅰ.①布… Ⅱ.①布…②弗…③罗…④尚… Ⅲ.
①鸟类-图谱 Ⅳ.①Q959.7-64

中国版本图书馆CIP数据核字(2016)第153535号

责任编辑　卜艳冰　尚　飞　张玉贞
装帧设计　汪佳诗
翻译指导　黄　荭

出版发行　人民文学出版社
社　　址　北京市朝内大街166号
邮政编码　100705
网　　址　http://www.rw-cn.com

印　　刷　上海利丰雅高印刷有限公司
经　　销　全国新华书店等

字　　数　50千字
开　　本　889毫米×1194毫米　1/16
印　　张　16.75
版　　次　2017年1月北京第1版
印　　次　2017年1月第1次印刷

书　　号　978-7-02-011850-2
定　　价　138.00元

如有印装质量问题,请与本社图书销售中心调换。电话:01065233595

出版前言

　　布封(Georges Louis Leclere de Buffon, 1707-1788)，18世纪时期法国最著名的博物学家、作家。1707年生于勃艮第省的蒙巴尔城，贵族家庭出身，父亲曾为州议会法官。他原名乔治·路易·勒克莱克，因继承关系，改姓德·布封。布封在少年时期就爱好自然科学，特别是数学。1728年大学法律本科毕业后，又学了两年医学。1730年，他结识一位年轻的英国公爵，一起游历了法国南方、瑞士和意大利。在这位英国公爵的家庭教师、德国学者辛克曼的影响下，刻苦研究博物学。26岁时，布封进入法国科学院任助理研究员，曾发表过有关森林学的报告，还翻译了英国学者的植物学论著和牛顿的《微积分术》。1739年，布封被任命为皇家花园总管，直到逝世。布封任总管后，除了扩建皇家花园外，还建立了"法国御花园及博物研究室通讯员"的组织，吸引了国内外许多著名专家、学者和旅行家，收集了大量的动、植、矿物样品和标本。布封利用这种优越的条件，毕生从事博物学的研究，每天埋头著述，四十年如一日，终于写出36卷的巨著《自然史》。1777年，法国政府在御花园里给他建立了一座铜像，座上用拉丁文写着："献给和大自然一样伟大的天才"。这是布封生前获得的最高荣誉。

　　《自然史》这部自然博物志巨著，包含了《地球形成史》《动物史》《人类史》《鸟类史》《爬虫类史》《自然的分期》等几大部分，对自然界作了详细而科学的描述，并因其文笔优美而闻名于世，至今影响深远。他带着亲切的感情，用形象的语言替动物们画像，还把它们拟人化，赋予它们人类的性格，大自然在他的笔下变得形神兼备、趣味横生。

　　正是在布封的主导和推动下，在其合作者 E.L.多邦东和 M.多邦东的协助下，邀请同时代法国著名设计工程师、雕刻师和博物学家弗郎索瓦－尼古拉·马蒂内手工雕刻插图，最初这些插图雕刻在42块手工调色木板上，每块木板上雕刻24幅图，没有任何文字解释。在这1008幅图中，其中973幅是鸟类，35幅是其他动物（包括28种昆虫、3种两栖和爬行类动物和4种珊瑚）。自1765年到1783年间，巴黎出版商庞库克公司（Panckoucke）将这1008幅图以 *Planches enluminées d'histoire naturelle(1765)* 为书名，分10卷陆续出版，距今已经过去两百多年。

　　在中文世界，上海九久读书人以"布封：鸟的世界"为题，首次将这1008幅图整理并结集出版。除了精心修复图片，保持其古典和华丽特色的同时，编者还邀请译者精准翻译鸟类名称，并增加相关的知识性条目介绍，力图将这套鸟类图鉴丛书打造成融艺术欣赏性与知识性于一体，深具收藏价值的博物艺术类图书，以飨中文世界的读者。

红隼（*La Cresserelle*）

　　红隼，别名茶隼、红鹰、黄鹰、红鹋子，以猎食时有翱翔习性而著名。体长 30—36 厘米，喙较短，鼻孔圆形，翅长而狭尖，扇翅节奏快，尾较细长。吃大型昆虫、鸟和小哺乳动物。呈现两性色型差异，雄鸟的颜色更鲜艳。分布范围广，栖息于山地森林、草原旷野、河谷农田等地，除干旱沙漠外遍及世界各地。在非洲、欧洲和亚洲常见到它们的踪迹，是常见的城市鸟类，也是比利时的国鸟。

路易斯安那红翅黑鹂 （*Troupiale à ailes rouges, de la Louisiane*）

　　红翅黑鹂，别名红肩黑鸟、红翅黑鸟或美洲红翼鸫，因雄鸟肩翅呈现鲜艳的红色而得名。体长 19—24 厘米，羽毛呈蓝黑色，秋天羽毛边缘会变成锈色。它们大都生活在北美沼泽地带，常在岸边的丛林生活和洗浴，适应淡水和微咸的沼泽，主要以谷物和昆虫为食。主要分布在美国、加拿大等北美地区，以及危地马拉、洪都拉斯、尼加拉瓜等中美洲国家和地区。红翅黑鹂种群数量很大，被认为是北美洲最众多的地方性鸟。

Dessiné Et Gravé par Martinet

卡宴蓝翅鸭 （*Sarcelle de Cayenne*）

　　蓝翅鸭，为雁形目、鸭科。身长37—41厘米，头部呈灰色，体羽为红褐色，羽毛有白色镶边，尾覆羽有黑白两色相杂，侧翼有深蓝色翼镜标记。它们通常栖息于淡水湖畔，活动多选择在水边沼泽地区的野草丛间。常成群活动于江河、湖泊、海湾和海岸等水域，以草籽、稻谷、螺、软体动物为食。分布在北美地区和南美洲。

1. 卡宴大䴙䴘 （Grèbe de Cayenne）

　　大䴙䴘在䴙䴘科中是体型较大的一种潜鸟，体长67—80厘米，头部呈灰黑色，头顶有一小簇黑羽；颈部和胸部呈棕黄色至红褐色，内侧至腹部呈白色；背羽和翅膀呈麻灰色，翅短小。它们栖息于开放式水域，在低海拔湖泊和森林所环绕的河流，以及河口沼泽活动，以各种小型鱼类、虾、甲壳类、软体动物为食。主要分布在南美洲。

2. 角䴙䴘 （Grèbe, de l'Esclavonie）

　　角䴙䴘，体长31—39厘米，翅膀短而圆，尾巴短。从眼睛前面开始向眼后方的两侧各有一簇金栗色的饰羽丛伸向头的后部，呈双角状，极为醒目，故名"角䴙䴘"。它们主要栖息于开阔平原上的湖泊、江河、水塘、水库和沼泽地等环境中。食物是各种鱼类、蛙类、蝌蚪等，也吃水生昆虫、无脊椎动物和水生植物。分布在欧洲、亚洲、北美洲等地。

琶鹭 （*La Spatule*）

  琶鹭，别名琵琶嘴鹭、琵琶鹭，为 6 种长腿涉禽的统称，是一种候鸟。体长 60—95 厘米，头的一部分或全部裸露。大部分种类的羽毛呈白色，有时带玫瑰红色调。它们常成群活动，休息时常在水边成一字形散开，长时间站立不动，受惊后则飞往他处。栖息于开阔平原和山地丘陵地区的河流、湖泊、水库岸边及其浅水处，主要分布在南北美洲、欧洲、非洲、东亚、澳大利亚等国家和地区。

白眉歌鸫 （*Grive, appellée, la Litorne*）

　　白眉歌鸫，为鸫科、鸫属。体长约 23 厘米，最特别的是两侧及翼底呈红色，眼睛上有奶白色斑纹，故以"白眉"为名。背部呈褐色，下体多纵纹，两胁及翼下锈红色。它们通常栖息于针叶林和苔原，筑巢于树木或灌木中。饮食多样化，吃昆虫、蚯蚓、水果和无脊椎动物。广泛分布在欧洲及亚洲北部，是土耳其的国鸟。

圭亚那白眼锥尾鹦鹉 （*Perruche, de la Guiane*）

　　白眼锥尾鹦鹉，体长约32厘米。鸟体羽毛为绿色，前胸和腹部的体色略浅，眼睛外围有白色裸皮。头上会散布些零星的红色羽毛，翅膀弯曲的部分和最外侧的次要覆羽也布有红色羽毛，翅膀内侧以及尾羽为橄榄黄。它们主要栖息于森林的边缘地带、生长次要植被的区域、落叶林区、红树林区。食物为水果、种子、青草、浆果、花朵、当地植被、树上的坚果。分布在圭亚那、阿根廷、玻利维亚、巴西、哥伦比亚、厄瓜多尔等地。

卡宴暗色鹦鹉 （*Perroquet varié, de Cayenne*）

　　暗色鹦鹉，体长约 26 厘米，羽毛以暗红、灰棕色为主调。成鸟头部呈灰蓝色，喉咙和颈部的羽毛灰暗，有飞扬的白色；下颌呈棕蓝色；下体呈深褐色，羽毛边距淡，有紫红色或红蓝色羽毛；尾下覆羽红色；尾巴呈深蓝色，基部呈红色。它们主要栖息于雨林低地、丘陵地带的潮湿森林、海岸边林地、热带稀树草原、农耕区等地，分布在偏北的亚马逊河流域。

鹰（*L'Aigle commun*）

　　鹰的体态雄伟，视觉敏锐，能在高空飞翔时看到地面上的猎物。鹰的羽毛呈现出棕色或黑色，尾羽呈黑色，鹰爪呈黄色，趾黑。跟金雕相比，鹰很少叫，也会给予小鹰更久的照顾。它们喜欢栖息于高山峭壁和荒漠中。普遍分布在温带和寒带地区，如北美洲的美国、加拿大，以及欧洲的法国、英国、瑞士、波兰等地。

金雕（*Le Grand aigle ou l'aigle Royal*）

　　金雕，别名金鹫、老雕、洁白雕、鹫雕，以其突出的外观和敏捷有力的飞行而著名。成鸟的翼展平均超过 2 米，体长可达 1 米，其腿爪上全部都有羽毛覆盖着。

　　它们栖息于高山草原、荒漠、河谷和森林地带，冬季亦常到山地丘陵和山脚平原地带活动，最高海拔高度可到 4000 米以上。白天常见在高山岩石峭壁之巅，以及空旷地区的高大树上歇息，或在荒山坡、墓地、灌丛等处捕食，它们以大中型的鸟类和兽类为食。分布在北半球温带、亚寒带、寒带地区。

par Martinet.

白头秃鹫 （*L'Aigle à tête blanche*）

白头秃鹫，为隼形目、鹰科、白头秃鹫属。体长约 80 厘米，翼展约 180 米，头呈独特的三角形，为淡黄色、无毛，头顶有白色绒羽冠。它们一般生活在海拔 2000—5000 米的高山上，喜欢把巢建在大乔木上，他们喜欢单独活动，但是也有时候三五成群，食物主要是大型动物和其他腐烂动物的尸体，被称为"草原上的清洁工"，也捕食一些中小型兽类。分布在非洲中南部地区，包括阿拉伯半岛的南部、撒哈拉沙漠（北回归线）以南的整个非洲大陆。

雀鹰（*L'Epervier*）

　　雀鹰属小型猛禽，体长 30—41 厘米。雌鸟较雄鸟略大，翅阔而圆，尾较长。雄鸟上体呈暗灰色，雌鸟呈灰褐色，头后杂有少许白色。下体呈白色或淡灰白色，雄鸟具细密的红褐色横斑，雌鸟具褐色横斑。尾具 4—5 道黑褐色横斑。它们栖息于针叶林、混交林、阔叶林等山地森林和林缘地带，常单独生活。分布在欧亚大陆，往南到非洲西北部，往东到伊朗、印度、中国和日本。越冬在地中海、阿拉伯、印度、缅甸、泰国及东南亚国家。分布广泛，数量较多。

短趾雕（le Jean-le-blanc）

　　短趾雕，别名短趾蛇雕，是鹰科、短趾雕属的猛禽，体长约 65 厘米。身体沉重，上体呈灰褐色，下体呈白色而具深色纵纹，喉及胸为单一褐色，腹部具不明显的横斑，尾具不明显的宽阔横斑。它们栖息于低山丘陵和山脚平原地带有稀疏树木的开阔地区，需要在树上筑巢，常单独活动，是一种以蛇为主要食物的大型猛禽。主要分布在欧洲、南亚及中国的新疆、重庆、陕西、甘肃等地。

鹗（le Balbuzard）

　　鹗，俗名鱼鹰，是隼形目、鹗科、鹗属仅有的一种鸟类。体长 150—170 厘米，体重 1000—2000 克。嘴呈黑色，头呈白色，顶上有黑褐色细纵斑；背部大致为暗褐色，尾羽有黑褐色横斑；腹部为白色，胸部有赤褐色的纵斑。它们栖息于湖泊、河流、海岸或开阔地，尤其喜欢在山地森林中的河谷或有树木的水域地带，常单独或成对活动，多在水面缓慢地进行低空飞行，主要以鱼类为食。除了南极和北极，亚洲、北美洲等各大洲均有分布，种群数量趋势稳定。

par Martinet.

白尾海雕 （*L'Orfraie ou L'Ossifrague. Le grand aigle de Mer femelle*）

　　白尾海雕，别名白尾雕、黄嘴雕、芝麻雕，是大型猛禽，体长 84—91 厘米。成鸟多为暗褐色；后颈和胸部羽毛为披针形，较长；头、颈羽色较淡，呈沙褐色或淡黄褐色；嘴、脚呈黄色；尾羽呈楔形，为纯白色。它们栖息于湖泊、河流、海岸、岛屿及河口地区，活动的海拔高度为 2500—5300 米，雄鸟和雌鸟的叫声明显不同，主要以鱼为食。繁殖于欧亚大陆北部和格陵兰岛，越冬于朝鲜、日本、印度、地中海和非洲西北部，为波兰的国鸟。

栗鸢 (*Aigle des grandes Indes*)

栗鸢，别名红鹰、红老鹰，体长36—51厘米。头、颈、胸和上背呈白色，其余体羽和翅膀均为栗色。它们主要栖息于江河、湖泊、水塘、沼泽、沿海海岸和邻近的城镇与村庄。除繁殖期成对和成家族群外，通常单独活动。主要以蟹、蛙、鱼等为食，也吃昆虫、虾和爬行类，偶尔也吃小鸟和啮齿类。觅食主要靠视觉，因而视力特别敏锐。主要分布在印度、缅甸、斯里兰卡、印度、印度尼西亚、新几内亚、菲律宾等东南亚国家，以及澳大利亚、所罗门群岛等地。

美洲鹰 (*Aigle d'Amérique*)

　　美洲鹰的喉部及前颈部位无毛羽覆盖，呈紫红色，其余大部分的羽毛为黑色，腹部及腿部羽毛呈白色。它们是鹰科的例外。有人曾在卡宴地区看到它们不吃猎物，却吃浆果、水果、甚至谷物。美洲鹰主要分布在圭亚那地区。

par Marlinet.

苍鹰 (*l'Autour*)

　　苍鹰体长可达 60 厘米，翼展约 130 厘米。头顶、枕和头侧呈黑褐色，枕部有白羽尖，眉纹白中杂以黑纹；背部呈棕黑色；胸以下密布灰褐和白相间横纹；尾灰褐呈方形，雌鸟显著大于雄鸟。它们栖息于不同海拔高度的针叶林、混交林和阔叶林等森林地带。视觉敏锐，善于飞翔。食肉性，主要以森林鼠类、野兔、雉类和其他小型鸟类为食。性甚机警，亦善隐藏。通常单独活动，叫声尖锐洪亮。见于整个北半球温带森林及寒带森林。

鵟（*La Buse*）

　　鵟，为隼形目、鹰科鵟属。大多数种类上体呈暗褐色，下体呈白色或斑褐色，尾和翅下羽毛通常有横斑，然而其至一个种的不同个体之间亦有着很大的颜色变化。

　　它们栖息于山地森林和林缘地带，从海拔400米的山脚阔叶林到2000米左右的混交林和针叶林地带均有分布。主食鼠类，捕食昆虫和小哺乳动物，偶尔袭击鸟类，于树上或悬崖上营巢，大多单独活动。最知名的普通鵟分布自斯堪的那维亚半岛向南到地中海，其他种类见于北美、欧、亚和北非的绝大部分地区。

par Martinet

鹃头蜂鹰（*La Bondrée*）

　　鹃头蜂鹰，为鹰科、蜂鹰属。体长约60厘米，背部羽毛呈深褐色。雌鸟比雄鸟略大。头小，雄性头为蓝灰色，而雌性的头部为棕色。头侧具有短而硬的鳞片状羽毛，而且较为厚密，是其独有的特征之一。它们栖息于不同海拔高度的阔叶林、针叶林和混交林中，尤以疏林和林缘地带较为常见，有时也到林外村庄、农田和果园等小林内活动。主要以黄蜂、胡蜂、蜜蜂和其他蜂类为食，也吃其他昆虫和昆虫幼虫。在欧洲、非洲及亚洲都有分布。

Martinet

隼（*Le Faucon*）

隼食肉，在鸟类食物链中处顶端。隼形目包括鸮形目以外的所有猛禽。隼形目与其它鸟类不同，雌鸟往往比雄鸟体型更大。很多隼形目的鸟类也被人们认为具有勇猛刚毅等优良品格，所以有不少国家的国鸟是隼形目的鸟类。隼形目有 4—5 科。隼到处寻找最高的岩峰，分布在南北美洲、欧洲、亚洲等地。

鸢（le Milan）

　　鸢属于鹰科，有长而狭的翼和分叉很深的尾，尾羽中间部分很短，又被称为"叉尾鹰"。飞翔是鸢的天性，它们每天都飞很远，一生几乎都在空中度过。它们喜欢肥沃的平原和山丘，经常接近有人居住或生存的地方。它们以肉类为食，吃昆虫、爬行动物、鸟类及小动物等。分布广泛。

鹞（*Le Busard*）

　　鹞既会跟兔子作战，也会捕捉鱼类和野味。它们偏好水鸡、鸭子及其它水生鸟类；也活捉鱼；如果缺少野味，它们也吃爬行动物、癞蛤蟆、青蛙和水生昆虫。它们比鸢更贪吃，也更骁勇。与鸢栖息于山地森林不同的是，它们偏爱灌木丛、树篱、池塘边、沼泽地和多鱼的河流旁，会在低地，如灌木丛、甚至草木繁茂的田地里筑巢。主要分布在欧洲。

沼泽鹞（*Le Busard de Marais*）

　　沼泽鹞的头部和胸部呈带浅黄的白色，有棕色纵斑；肩部、腹部和翼覆羽呈棕红色，尾翼呈棕色，足部为黄色。它们在地上筑巢，隐藏在芦苇或灌木丛下，以哺乳动物、水生鸟类、小爬行动物为食，生活在沼泽地或靠近河边的草地上。主要分布在法国、荷兰等欧洲国家和地区。

Martinet.

秃鹫（*Le Vautour*）

　　秃鹫，别名兀鹫、灵鹫、狗头雕、座山雕或秃鹰。体长约 120 厘米，体羽主要为黑褐色，飞羽和尾部黑色更深，领部羽毛淡褐接近白色。头部有绒羽，最显著的特征是其颈后羽毛稀少或者没有羽毛。它们主要栖息于低山丘陵和高山荒原与森林中的荒岩草地、山谷溪流和林缘地带，常单独活动，以大型动物的尸体为食。主要分布在非洲、亚洲、欧洲和美洲等地。西藏固有将死者的尸体放置在祭坛供狗头雕食尽的习俗，被称作鸟葬或天葬，当地居民亦将秃鹫视为圣鸟。

白兀鹫（*Le Percnoptère*）

　　白兀鹫，别名埃及秃鹫，是一种稀少的秃鹫。羽毛呈白色，飞羽呈黑色。它们的身体有时偏泥色是与其习性有关的。它们会用石头敲破鸟蛋，是少数懂得使用工具的鸟类之一。它们主要栖息于干旱平原，广泛分布在南欧、北非、西亚及南亚，有时也会流浪到斯里兰卡、欧洲北部及南非。它们吃多种食物，包括哺乳动物的粪便、昆虫、尸体、植物及细小的猎物。作为一个濒危物种，人们可能很快就不能再看到它们在天空中翱翔了。

马耳他秃鹫（*Vautour de Malthe*）

  马耳他秃鹫是一种棕色的秃鹫，分布在南欧的马耳他、地中海沿岸及比利牛斯山地区。嘴呈黑色，黄足黑趾，头顶覆盖棕色绒羽，颈部有密集的棕黑色羽毛，翼上羽毛呈深棕色，翼下及尾羽为白色。它们主要栖息于低山丘陵和高山荒原与森林中的荒岩草地、山谷溪流和林缘地带，常单独活动，以大型动物的尸体为食。

卡宴王鹫 （*L'Urubu ou Roi des Vautours de Cayenne*）

　　王鹫，别名国王秃鹫，是中美洲和南美洲的大型美洲鹫科鸟类。体型很大，体长约 78 厘米。头部裸露，色彩极鲜艳醒目。通体主要是白色，上身、翼及尾巴羽毛有灰或黑带，喙上有黄色的肉冠。它们主要栖息于未开发的热带雨林及附近的草原地带，也会生活在沼泽边，是大型食腐鸟类。平时单独生活，但是找到食物后会蜂拥而至。主要分布在墨西哥到阿根廷北部的热带雨林中。由于栖息地减少和人类狩猎，王鹫的数量也正在逐渐减少。

挪威秃鹫（*Vautour de Norwege*）

　　挪威秃鹫的爪呈灰白色，全身的羽毛呈白色，箭羽呈黑色。它们似乎什么都吃：野兔、老鼠、小鸟、甚至家禽；由于跟其它种类的秃鹫群居在一起，所以它们也吃动物尸体，并且尤为偏爱人类粪便。它们栖息于欧洲的高山上，如阿尔卑斯山、比利牛斯山，至少夏季如此。春季时会偶尔经过地中海沿岸的平原地带。分布范围广，从北欧到埃及、阿拉伯，都能发现其踪迹。

游隼（*Le Lanier*）

　　游隼，体长 41—50 厘米。翅长而尖，眼周呈黄色，面颊有一簇垂直向下的黑色髭纹，头至后颈呈灰黑色，其余上体呈蓝灰色，尾具数条黑色横带。下体呈白色，上胸有黑色细斑点，下胸至尾下覆羽密被黑色横斑。主要栖息于山地、丘陵、半荒漠、沼泽与湖泊沿岸地带，也到开阔的农田、耕地和村屯附近活动。分布甚广，几乎遍布于世界各地。它们是阿拉伯联合酋长国和安哥拉的国鸟。

红脚隼 (*Variété singulière du Hobereau*)

　　红脚隼是迁徙旅程最远的猛禽。雄鸟、雌鸟及幼鸟体色有差异。雄鸟体长约 30 厘米，通体主要呈石板灰色，只有肛周、尾下覆羽和两腿为棕红色。它们多栖息于具有稀疏树木的平原、低山和丘陵地区。主要猎物是昆虫，其中害虫占其食物的 90% 以上，偶尔会捕食其它小型鸟类或哺乳类。分布在欧洲、亚洲及北美洲，其族群由于栖地减少以及狩猎活动而逐渐减少。

燕隼（*Le Hobereau*）

　　燕隼，为隼科、隼属。其身长约 30 厘米。上体主要部分羽毛呈灰黑色，尾部稍淡，都具有黑褐色羽干斑；下体为棕褐色，胸部、腹部和两胁密缀有黑褐色纵纹；肛周以下至两腿为绣红色，有时稍杂有黑纹。它们多栖息于林地和其中的空地及稀树草原或牧场，常在飞行时捕捉昆虫或小鸟为食。多分布欧洲、非洲西北部、俄罗斯等，越冬到日本、印度、老挝、缅甸等地，在中国分布几乎遍及全国各地。

蓝孔雀，雄鸟 (*Le Paon*)

蓝孔雀雄鸟具直立的枕冠，羽色华丽。头顶、颈部和胸部为蓝色；翅膀上的覆羽为黑褐色，飞羽黄褐色；腹部深绿色或黑色；尾上的覆羽会形成尾屏。它们主要生活在丘陵的森林中、干燥的半沙漠化草地、灌木和落叶林地区，尤其在水域附近。清晨和傍晚随其群到田地里觅食，在地面上筑巢，但在树上栖息，主要以种子、昆虫、水果和小型爬行类动物为食。分布在孟加拉国、不丹、伊朗、印度、尼泊尔、巴基斯坦、斯里兰卡。

蓝孔雀，雌鸟（*La Paonne*）

　　蓝孔雀雌鸟头上具冠羽。头顶、颈的上部为栗褐色，脸部和喉部为白色；颈下部、上背和上胸部为绿色，上体其余部分为土褐色；翅膀具白色的边缘。它们主要生活在丘陵的森林中、干燥的半沙漠化草地、灌木和落叶林地区，尤喜在水域附近。清晨和傍晚随其群到田地里觅食，在地面上筑巢，但在树上栖息，主要以种子、昆虫、水果和小型爬行类动物为食。分布在孟加拉国、不丹、伊朗、印度、尼泊尔、巴基斯坦、斯里兰卡。

雕鸮（*Le Grand Duc*）

 雕鸮属夜行猛禽，喙坚强而钩曲，嘴基蜡膜为硬须掩盖。耳孔周缘有明显的耳状簇羽，有助于夜间分辨声响与夜间定位。胸部体羽多具显著花纹。它们栖息于山地森林、平原、荒野、林缘灌丛、疏林，以及裸露的高山和峭壁等各类环境中。通常远离人群，活动在人迹罕至的偏僻之地。飞行时缓慢无声，通常贴着地面飞行。食性很广，主要以各种鼠类为食，也吃兔类、蛙、刺猬、昆虫、雉鸡和其他鸟类。遍布于大部分欧亚地区和非洲。

普通鸮（*Le Petit Duc*）

　　普通鸮，俗名夜猫子、聒聒鸟子，为鸱鸮科、角鸮属。体长可达20厘米，上体大都为灰褐色，布满虫蠹状黑褐色细纹，耳羽延长突出。它们栖息于山地林间，以昆虫、鼠类、小鸟为食，一般生活于靠近水源的河谷森林里，特别喜欢在阔叶树上。昼伏夜出，啼声响亮，在繁殖时期常彻夜不休，营巢于树洞中。分布在欧洲、非洲、中亚地区、西伯利亚、日本、印度、斯里兰卡及中国大陆等地。

Martinet

灰林鸮 (*Le Chathuant*)

灰林鸮是一种结实、等身形的猫头鹰，体长 37—43 厘米，翼展达 81—96 厘米。它的头大且圆，没有耳羽。眼睛呈蓝绿色，围绕双眼的面盘较为扁平。上身呈红褐色，下身淡色及有深色的条纹。它们栖息于落叶疏林，较喜欢近水源的地方；在城市则栖息于墓地、花园及公园。夜间活动，以视觉及听觉捕捉猎物，主要猎食啮齿目动物。普遍分布在欧亚大陆的林地，主要分布在欧亚大陆，由英国及伊比利半岛东至韩国，南至伊朗和喜玛拉雅山脉。

猫头鹰（*La Chouette*）

　　猫头鹰，是鸮形目的鸟类。鸮形目是鸟纲中的一个目，其下有 130 多个种。它们体形大小不一，大者如雕鸮体长可达 90 厘米，小者如东方角鸮体长不及 20 厘米。本目鸟类头宽大，嘴短而粗壮前端成钩状。双目的分布、面盘和耳羽使其头部与猫极其相似，故俗称猫头鹰。它们大多栖息于树上，部分种类栖息于岩石间和草地上，营巢于树洞或岩隙中。绝大多数是夜行性动物，昼伏夜出，在除南极洲以外所有的大洲都有分布。

小鸮属（*La Cheveche*）

　　小鸮，为鸮形目、鸱鸮科。体型小巧，主要有三种：纵纹腹小鸮、横斑腹小鸮和穴小鸮。纵纹腹小鸮栖息于低山丘陵、林缘灌丛和平原森林地带，分布在欧洲、非洲东北部、亚洲西部和中部等地。横斑腹小鸮栖息于低山、丘陵、平原、农田和村寨附近的疏林及灌木林中，分布在印度、缅甸、中南半岛和伊朗等地。穴小鸮喜欢开放的栖息地，主要栖息于热带稀树草原、沙漠地区、草场、园林，主要分布在美洲地区。

草鸮属（*L'Effraye ou la Fresaye*）

草鸮属，共有14种猫头鹰，面盘扁平，呈心脏形，白色或灰棕色，四周有暗栗色边缘，似猴脸，长满绒毛，一双深圆大眼，嘴黄褐色，嘴喙不尖，鹰身鹰爪，故俗名"猴面鹰"。上体为斑驳的灰色及橙黄色，并具精细的黑色和白色斑点。下体呈白色，稍沾淡黄色，具暗褐色斑点。它们栖息于开阔的原野、低山、丘陵，以及农田、城镇和村屯附近森林、山麓草灌丛中，营巢于树洞或岩隙中，以鼠类、蛙、蛇、鸟卵等为食。它们属于是世界性广布物种。

Marlinet.

猛鸮（*La Hulote*）

　　猛鸮，又名北方鹰鸮或长尾鸮，是一种猫头鹰。体型中等大小，长 35—43 厘米，翼展 69—82 厘米。头部很圆，上身呈深褐色，下身及尾巴有斑纹。它们栖息于北美洲及欧亚大陆的树林，往往是在边缘或开放的林地。它们并非候鸟，但有时会向南迁徙，猎食田鼠及鸟类。它们的听觉特别强，可以穿过雪中捕捉猎物。分布在欧洲北部、俄罗斯、美国的阿拉斯加和加拿大等地。

卡宴灰林鸮（*Chathuant de Cayenne*）

　　卡宴灰林鸮，中等身形，全身羽毛呈红棕色并带有很细的棕色横纹，浅色尾羽，黑色趾甲，这些特征使得它和其它类别的猫头鹰截然不同。它们栖息于落叶疏林，较喜欢近水源的地方；在城市则栖息于墓地、花园和公园。夜间活动，靠视觉及听觉捕捉猎物，主要猎食啮齿目动物。主要分布在法属圭亚那等中南美洲地区。

白尾鹞，雌鸟（*La Soubuse*）

　　白尾鹞，又名灰泽鹞、灰鹰。体长 41—53 厘米。雌鸟上体呈暗褐色，尾上覆羽呈白色，下体皮呈黄白色或棕黄褐色，杂以粗的红褐色或暗棕褐色纵纹。它们栖息于平原和低山丘陵地带，尤其是平原上的湖泊、沼泽、河谷、草原、荒野及低山、林间沼泽和草地、农田耕地、沿海沼泽和芦苇塘等开阔地区。主要以小型鸟类、鼠类、蛙、蜥蜴和大型昆虫等动物性食物为食。分布在欧亚大陆、北美洲等地。

卡宴灰背隼（*Emerillon de Cayenne*）

　　卡宴灰背隼体羽主要呈红棕色，颈部呈灰色，喉部呈灰白色；翅膀呈灰色并夹有黑色斑点，翅尾呈黑色；下尾呈白色且带有黑色横斑。它们栖息于开阔的低山丘陵、山脚平原、森林平原、海岸和森林苔原地带，特别是林缘、林中空地、山岩和有稀疏树木的开阔地方。主要以昆虫和鼠类等小型动物为食。主要分布在圭亚那的卡宴地区。

伯劳 (*La Pie-grièche*)

　　伯劳，别名屠夫鸟、胡不拉，主要特点是嘴形大而强，上嘴先端具钩和缺刻，略似鹰嘴。翅短圆，通常呈凸尾状。脚强健，趾有利钩。它们大都栖息于丘陵开阔的林地。常栖于树顶，到地面捕食，捕取后复返回树枝；常将猎获物挂在带刺的树上，在树刺的帮助下，将其杀死，撕碎而食之，故有人称其为屠夫鸟。通常以昆虫为食，但也可以捕获青蛙、老鼠、甚至其他小型鸟类。大多分布在欧亚大陆和非洲。

矛隼（*Gerfault blanc, des pays du Nord*）

　　矛隼，别名白隼、海东青，在冰岛少数冰天雪地的高寒地区，矛隼为了适应环境还会出现遍体洁白的个体，因此又叫白隼，是冰岛的"国鸟"。矛隼属于中型猛禽，也是体型较大的隼类，羽色变化较大，有暗色型、灰色型，嘴、脚强健并具利沟，堪称北国世界的空中霸王。它们生活在北极苔原地带和寒温带，栖息于开阔的岩石山地、沿海岛屿、临近海岸的河谷和森林苔原地带。分布在欧洲北部、亚洲北部和北美洲北部。

斑头秋沙鸭，雄鸟（*La Piette mâle*）

　　斑头秋沙鸭，别名白秋沙鸭。斑头秋沙鸭雄鸟体羽以黑白色为主。眼周、枕部、背黑色，腰和尾呈灰色。两翅呈灰黑色。它们栖息于湖泊、河流和池塘等地带，善游泳和潜水。食物主要为小鱼，也大量捕食软体动物、甲壳类、石蚕等水生无脊椎动物，偶尔也吃少量植物性食物。分布在欧洲和俄罗斯北部，往东到西伯利亚东部。

martinet

斑头秋沙鸭，雌鸟（*La Piette femelle*）

　　斑头秋沙鸭，别名白秋沙鸭。雌鸟上体呈黑褐色，下体呈白色，头顶呈栗色。它们栖息于湖泊、河流和池塘等地带，善游泳和潜水。食物主要为小鱼，也大量捕食软体动物、甲壳类、石蚕等水生无脊椎动物，偶尔也吃少量植物性食物。分布在欧洲和俄罗斯北部，往东到西伯利亚东部。

Martinet.

灰背隼，成鸟（*Le Rochier*）

　　灰背隼，为隼形目、隼科的小型猛禽，体长25—33厘米。尾羽上具有宽阔的黑色亚端斑和较窄的白色端斑。后颈为蓝灰色，有一个棕褐色的领圈，成年雄性背部呈现蓝色，并杂有黑斑，是其独有的特点。它们栖息于开阔的低山丘陵、山脚平原、森林平原、海岸和森林苔原地带，特别是林缘、林中空地、山岩和有稀疏树木的开阔地方。通常营巢于树上或悬崖岩石上，主要以昆虫和鼠类等小型动物为食。主要分布在欧洲、亚洲和北美洲等地。

martinet

角叫鸭（*Le Kamichy*）

  角叫鸭，因飞翔或行走时发出尖厉鸣叫声而得名。体型较大，体长约 90 厘米。看起来非常庞大，而头部相比身材就显得较小。额前有一个细长的角，喙尖小具钩，趾长且具微蹼，翼上有尖距。全身羽毛以黑绿色为主，头顶和脖子有白色斑点，下体、腹部和腿部呈白色。它们栖息于沼泽和湿草地，取食树叶、嫩芽等，善飞。分布在玻利维亚、巴西、哥伦比亚、厄瓜多尔、法属圭亚那、圭亚那、巴拉圭、秘鲁、苏里南、委内瑞拉、玻利瓦尔共和国。

1. 卡宴斑鹂, 雄鸟 (*Troupiale tacheté de Cayenne*)

卡宴斑鹂的雄鸟体羽以黑色为主, 每块羽毛边缘呈橙黄色, 喉部白色, 眼部上方也有一片白色, 虹膜为橙色。它们主要生活在阔叶林中, 栖息于平原至低山的森林地带或村落附近的高大乔木上, 树栖性, 在枝间穿飞觅食昆虫、浆果等, 很少到地面活动。主要分布在圭亚那的卡宴地区。

2. 卡宴斑鹂, 雌鸟 (*Sa Femelle*)

卡宴斑鹂雌鸟的外貌特征和雄鸟差异很大。雌鸟同样具有橙色的虹膜, 但是体羽呈现出暗橙黄色, 杂以白色。生活习性和分布地区与雄鸟无异。

卡宴红腹咬鹃 （*Couroucou à ventre rouge de Cayenne*）

卡宴红腹咬鹃，为咬鹃目、咬鹃科、咬鹃属。体长约 30 厘米，头颈至胸部呈深绿色；喙灰黑；背部呈深绿色，略带金属光泽；腹部呈橘红色；两翼有黑白色波纹；尾羽呈黑色。它们栖息于热带森林中，主要的食物是昆虫和其他小型动物。分布在法属圭亚那、多米尼加等地。

卡宴红棕翅尾蜂虎（*Guêpier à queue et ailes rousses de Cayenne*）

　　卡宴红棕翅尾蜂虎，中等大小，嘴形细长而下弯，先端尖，嘴峰有棱脊；脚细弱，上部和下部皆呈浅绿色，羽翼和尾部呈红棕色，脚呈黄棕色。它们栖息于山地、丘陵地带，多在树冠层枝叶间和花丛中飞翔和觅食，休息时多栖立于高枝顶端。它们以空中飞虫为食，特别喜吃蜂类。主要分布在法属圭亚那等中南美洲国家和地区。

1. 卡宴红棕鹟（*Le Gobe — mouche roux de Cayenne*）

　　卡宴红棕鹟，为雀形目、鹟科、鹟属。嘴宽而扁平，脚较小，上体、翼及尾巴呈红棕色，翼尾黑色，喉、胸及下体为白色。它们栖息于温暖的森林中，那里有它们的食物昆虫，鹟主要吃地面上的昆虫，而不是捕捉在空中飞行的昆虫。分布在法属圭亚那等中南美洲国家和地区。

2. 卡宴斑鹟（*Le Gobe - mouche tacheté, de Cayenne*）

　　卡宴斑鹟，为雀形目、鹟科、鹟属。中等体型，嘴宽而扁平，脚较小，头顶呈黄色，上体和翼浅羽黑斑，尾部红棕色羽黑斑，下体浅色具灰黑色细纹。它们栖息于温暖的森林中，主要吃地面上的昆虫。分布在法属圭亚那等中南美洲国家和地区。

1.

Martinet

1. 好望角绿腰鹦哥 (*Petite Perruche, du Cap de Bonne — Espérance*)

　　绿腰鹦哥体长约 12 厘米，是一种小鹦鹉。体羽主要呈绿色，翅膀为深绿色，臀部呈宝石蓝色。它们主要栖息于干燥和半开阔充满灌木和树木的地区、开阔的林区、刺丛平原、次要植被区、雨林的边缘地带。以半熟和干燥的草类植物种子、浆果、水果、植被、植物嫩芽、花朵等为食。主要分布在圭亚那和苏里南等地。

2. 塔布吸蜜鹦鹉 (*Petite Perruche de l'Isle de Taïti*)

　　塔布吸蜜鹦鹉，别名塔希吸蜜鹦鹉、大溪地吸蜜鹦鹉，体长约 18 厘米。鸟体为深蓝色，羽色鲜艳，头顶带有浅蓝色的放射状羽毛，喉咙和胸部上方为白色。

　　它们主要栖息于棕榈树丛、花园、椰子园和香蕉园等地，以花粉、花蜜与果实为食物。它们的鸟喙比一般鹦鹉的长，更特别的是细长的舌头上有刷状的毛，方便深入花朵中取得食物。分布在波利尼西亚的几个小岛上。

1. 圣托马斯岛图伊鹦哥 (*Petite Perruche, de l'Isle St Thomas*)

图伊鹦哥体长约17厘米，是一种长尾小型鹦鹉。通体布满亮绿色羽毛，喙红褐色，有蜡质感；翅膀颜色比体羽深；黄色前额；有一个中等长短、偏楔形的尾巴。它们栖息于各种林地内，如干燥的森林、热带林区、灌木丛、农垦区，能适应高温与寒冷的天气。主要食物为花、种子、嫩芽、果实类、昆虫等。分布在厄瓜多尔、秘鲁、墨西哥南部、巴拿马、哥伦比亚、委内瑞拉。

2. 卡宴黄翅斑鹦哥 (*Petite Perruche de Cayenne*)

黄翅斑鹦哥，体长22—25厘米，通体羽毛大部分呈亮绿色，翅膀有黄绿色斑纹羽毛，喙红色有腊质感。它们的主要栖息地是各种林地内，如干燥的森林、热带林区、灌木丛、农垦区。主要食物是花、种子、嫩芽、果实类、昆虫等。适应环境的能力强，能适应高温与寒冷的天气。分布在阿根廷、巴西、巴拉圭。

1.

2.

Martinet.

鸵鸟（l'Autruche）

　　鸵鸟，是非洲一种体形巨大、不会飞但跑得很快的鸟，也是世界上现存体型最大的鸟类。高可达250厘米，全身有黑、白色的羽毛，脖子长而无毛，翼短小，腿长。它们生活在非洲沙漠地带和荒漠草原，过着游牧般的群居生活，一般5—50只左右，在它们旁边常常伴有迷人的动物，比如斑马，羚羊。主要吃浆果和肉茎植物，也会吃动物，如蝗虫、蚂蚱。啄食动作占鸵鸟每日行为很大的部分。它们广泛地分布在非洲低降雨量的干燥地区。

雪鸮（*Le Harfang*）

　　雪鸮，又名白鸮、雪猫头鹰、白夜猫子，是鸱鸮科的一种大型猫头鹰，多为昼行性鸟类。体长约为50—71厘米，头圆而小，面盘不显著，没有耳羽簇。它的羽色非常美丽，通体为雪白色，有的时候布满暗色的横斑。它们栖息于冻土和苔原地带，也见于荒地丘陵，以鼠类、鸟类、昆虫为食。它们生活在北极地区，分布在加拿大、中国、法罗群岛、芬兰、格陵兰、冰岛、日本、哈萨克斯坦等国家。雪鸮是加拿大魁北克的省鸟。

白尾鹞，雄鸟（*L'Oiseau St. Martin*）

　　白尾鹞，又名灰泽鹞、灰鹰。体长41—53厘米。雄鸟上体呈蓝灰色、头和胸较暗，翅尖呈黑色，尾上覆羽呈白色，腹、两胁和翅下覆羽呈白色。它们栖息于平原和低山丘陵地带，尤其是平原上的湖泊、沼泽、河谷、草原、荒野，以及低山、林间沼泽和草地、农田耕地、沿海沼泽和芦苇塘等开阔地区，主要以小型鸟类、鼠类、蛙、蜥蜴和大型昆虫等动物性食物为食。分布在欧亚大陆、北美洲等地。

白头鹞（*La Harpaye*）

　　白头鹞，身长 48—62 厘米，雄鸟的头顶至后颈呈棕白色，缀有纤细的黑褐色羽干纹，羽毛呈红棕色，翅膀的中部呈银灰色，翅膀的尖端呈黑色，尾羽呈银灰褐色。它们栖息于低山平原和低山丘陵地带，尤其是平原上的湖泊、沼泽、河谷、草原、荒野，以及低山、林间沼泽和草地、农田耕地、沿海沼泽和芦苇塘等开阔地区，尤其典型出现在芦苇丛中。分布在在北非、欧洲（除不列颠群岛外）、亚洲地区。

苍鹰，幼鸟（*L'Autour Sors*）

苍鹰幼鸟上体呈褐色，羽缘呈淡黄褐色；飞羽呈褐色，具暗褐横斑和污白色羽端；头侧、颏、喉、下体呈棕白色，有粗的暗褐羽干纹；尾羽呈灰褐色，具4—5条比成鸟更显著的暗褐色横斑。它们栖息于不同海拔高度的针叶林、混交林和阔叶林等森林地带。视觉敏锐，善于飞翔。食肉性，主要以森林鼠类、野兔、雉类和其他小型鸟类为食。性甚机警，亦善隐藏。通常单独活动，叫声尖锐洪亮。见于整个北半球温带森林和寒带森林。

挪威矛隼（*Gerfault de Norwege*）

　　挪威矛隼头部和上体呈棕褐色，下体为白色且带棕色斑纹，翅羽棕色带白色斑纹，尾羽浅褐色并有白色横纹。它们生活在北极苔原地带和寒温带，栖息于开阔的岩石山地、沿海岛屿、临近海岸的河谷和森林苔原地带，主要以野鸭、海鸥、雷鸟、松鸡等各种鸟类为食，也吃少量中小型哺乳动物。分布在欧洲北部、亚洲北部和北美洲北部。

西伯利亚长尾猫头鹰 （*Chouette à longue queue, de Sibérie*）

　　西伯利亚长尾猫头鹰，面部呈白色，头侧有一片棕色垂羽一直延伸到颈部；背部棕、白相间，下体为白色且带有棕色横纹；翅膀及尾羽均有棕、白相间的横纹。它们主要栖息于山地针叶林、针阔叶混交林和阔叶林中，主要以田鼠、棕背鼠、黑线姬鼠等为食，也吃昆虫、蛙、鸟、兔，以及松鸡科的一些大型鸟类。分布在西伯利亚高原中部。

Martinet.

卡宴大嘴鵟（*Epervier à gros bec, de Cayenne*）

　　大嘴鵟，体长约 36 厘米，胸部及下身棕白相间，尾巴上有 4 或 5 条灰色斑纹。眼睛主要呈黄色，身体一般呈灰色，但翼上会有一些红色，在飞行时特别明显。长长的尾巴及明显较短的双翼是它们的特征。它们栖息于密林中，也会在城市生活，主要吃昆虫、细小的哺乳动物和鸟类。分布在墨西哥、中美洲、安地斯山脉东面的南美洲、加勒比海岸、阿根廷。

Martinet

美洲隼 (*Emerillon, de St.Domingue*)

　　美洲隼是西半球唯一的红隼，外形优雅，雄鸟的头顶、胸部、背部和尾羽为红棕色，胸前具有细小黑斑，翅膀为灰蓝色，尾羽末端有黑色宽横斑；雌鸟体型较大，全身偏红褐色，胸前有黑色纵斑，背部、翅膀和尾羽上有黑色横纹。它们栖息于开阔林地、草原、半荒漠地区及市郊，以大型昆虫和小型啮齿动物为主要食物。广泛分布在北美洲和南美洲。

原鸽（*Le Pigeon commun*）

　　原鸽，中等体型，通体石板灰色，翼上横斑及尾端横斑黑色，颈部和胸部的羽毛具有悦目的金属光泽，常随观察角度的变化而显出由绿到蓝而紫的颜色变化，翼上及尾端各自具一条黑色横纹。它们主要以植物性食物为食，包括玉米、花生、芸豆、豌豆、高粱、甜瓜、蒲公英等。它们原本为崖栖性的鸟，被人类驯化后很快适应城市的生活环境，分布在欧洲西部、非洲北部、中东到印度等地。

雀鹰，成年雄鸟 (*Tiercelet hagard d'Epervier*)

雀鹰，体长30—41厘米。雄鸟上体呈暗灰色，下体呈白色或淡灰白色，具细密的红褐色横斑，尾具4—5道黑褐色横斑。它们栖息于针叶林、混交林、阔叶林等山地森林和林缘地带，常单独生活。主要以鸟、昆虫和鼠类等为食，也捕鸠鸽类和鹑鸡类等体形稍大的鸟类和野兔、蛇等。分布在欧亚大陆，往南到非洲西北部，往东到伊朗、印度、中国和日本。越冬在地中海、阿拉伯、印度、缅甸、泰国及东南亚国家。分布广泛，数量较多。

背隼，幼鸟（l'Emerillon）

灰背隼，为隼形目、隼科，是小型猛禽。上体呈棕褐色，杂有黑斑；下体呈白色，有棕褐色纵斑；尾羽呈棕色，并杂有灰白色横纹。它们栖息于开阔的低山丘陵、山脚平原、森林平原、海岸和森林苔原地带，特别是林缘、林中空地、山岩和有稀疏树木的开阔地方。主要以昆虫和鼠类等小型动物为食。通常营巢于树上或悬崖岩石上。主要分布在欧洲、亚洲和北美洲等地。

黑游隼（*Le Faucon noir et passager*）

　　黑游隼，体长 41—50 厘米。头部呈黑灰色，颈部呈红棕色且带有深褐色斑纹，上体呈深褐色，下体浅色带有深褐色斑，尾羽浅灰色带有白色横斑。它们主要栖息于山地、丘陵、半荒漠、沼泽与湖泊沿岸地带，也到开阔的农田、耕地和村屯附近活动。主要分布在法国、德国、马耳他等地。

游隼，幼鸟（*Le Faucon Sors*）

　　游隼幼鸟上体呈暗褐色或灰褐色，具皮黄色或棕色羽缘。下体呈淡黄褐色或皮黄白色，具粗著的黑褐色纵纹。尾呈蓝灰色，具肉桂色或棕色横斑。虹膜呈暗褐色，眼睑和蜡膜呈黄色，嘴呈铅蓝灰色，嘴基部呈黄色，嘴尖呈黑色，脚和趾为橙黄色，爪为黄色。主要栖息于山地、丘陵、半荒漠、沼泽与湖泊沿岸地带，也到开阔的农田、耕地和村屯附近活动。分布甚广，几乎遍布世界各地。

红隼，雌鸟（La Cresserelle femelle）

红隼雌鸟上体呈棕红色，头顶至后颈及颈侧具黑褐色羽干纹；背到尾上覆羽具粗著的黑褐色横斑；尾为棕红色；下体呈乳黄色，微沾棕色；胸、腹和两胁具黑褐色纵纹，覆腿羽和尾下覆羽呈乳白色；飞羽和尾羽下面呈灰白色，密被黑褐色横斑。分布范围广，栖息于山地森林、草原旷野、河谷农田等地，除干旱沙漠外遍及世界各地。在非洲、欧洲和亚洲常见到它们的踪迹，是常见的城市鸟类。

黑鸢（*Le Milan noir*）

黑鸢，体长 54—69 厘米，上体呈暗褐色，下体呈棕褐色，均具黑褐色羽干纹，尾较长，呈叉状，具宽度相等的黑色和褐色相间排列的横斑。它们栖息于开阔平原、草地、荒原和低山丘陵地带。白天活动，常单独在高空飞翔，主要以小鸟、鼠类、蛇、蛙、鱼、野兔、蜥蜴和昆虫等动物性食物为食。主要分布在欧亚大陆、非洲、印度、澳大利亚等地。

卡宴隼（*Petit Autour de Cayenne*）

卡宴隼头部呈灰白色，上体呈灰黑色，下体为白色，翅羽呈灰色且带有黑色横纹，尾羽呈灰色且带白色横纹。它们主要栖息于山地、丘陵、半荒漠、沼泽与湖泊沿岸地带，也到开阔的农田、耕地和村屯附近活动。分布在法属圭亚那的卡宴地区。

花尾榛鸡，雄鸟（*La Gelinotte mâle*）

　　花尾榛鸡，别名松鸡，属于走禽。雄鸟头上有短羽冠；上体大都棕灰，具栗褐色横斑；颏和喉呈黑色，下体为暗棕褐而杂以白色。外侧尾羽呈花斑状，具一条宽阔的黑褐色次端斑。它们栖息于林下植被繁茂、浆果丰富的松林、云杉、冷杉等针叶林中。多成小群活动，以各种野生植物的绿色部分、种子、果实为食。广泛分布在欧亚大陆北部。

花尾榛鸡，雌鸟（*La Gelinotte Femelle*）

花尾榛鸡，别名松鸡，属于走禽。雌鸟与雄鸟相似，但上体较为棕黄；背部的栗褐色细横斑变粗；额呈黄白色；喉呈棕黄而具黑色羽缘。它们栖息于林下植被繁茂，浆果丰富的松林、云杉、冷杉等针叶林中。多成小群活动，以各种野生植物的绿色部分、种子、果实为食。广泛分布在欧亚大陆北部。

卡宴红脚穴鹀（*Le Tinamou de Cayenne*）

　　红脚穴鹀，因脚呈红色而得名。头顶呈棕黑色，颈部呈棕色，上体呈棕红色，下体呈白色且带棕色浅纹。它们主要栖息于热带和亚热带地区的荆棘丛、稀疏森林、落叶林，以及多灌木的平原中，以浆果、水果、植物和无脊椎动物为食。主要分布在法属圭亚那、哥伦比亚、委内瑞拉等地。

1. 好望角领伯劳（*Pie-Grièche du Cap de bonne Esperance*）

　　领伯劳，为伯劳科、伯劳属。上体呈黑灰色，下体呈白色，翅羽大部分呈黑灰色，尾羽呈浅灰色。它们栖息于干燥的稀树草原、亚热带或热带的干燥或高海拔草地、内陆湿地，以及耕地、种植园、乡村花园和城市地区，以蚱蜢、金龟子等大型昆虫为食。分布在好望角、塞内加尔和非洲大陆等地。

2. 塞内加尔林䴗伯劳（*Pie-Grièche rousse du Sénégal*）

　　林䴗伯劳，头、颈、背部呈红棕色，下体呈白色，翅羽呈棕色，尾羽呈灰白色。它们栖息于干燥的稀树草原、亚热带或热带的干燥或高海拔草地、内陆湿地，以及耕地、种植园、乡村花园和城市地区，以大型昆虫、小鸟和两栖动物为食。分布在南欧、中东和非洲西北部。

Martinet.

塞内加尔鹗（*Le Tanas ou Faucon pêcheur, du Sénégal*）

　　塞内加尔鹗，头颈呈棕红色，腹部呈灰白色且带棕色纵斑，翅羽呈灰褐色且带棕红色羽缘。它们栖息于湖泊、河流、海岸或开阔地，尤其喜欢在山地森林中的河谷或有树木的水域地带，主要以鱼类为食。当发现水中有鱼类时，它们就会从栖息着的树枝上猛地俯冲下来，用爪子抓住鱼类并将它们带往空中，翅膀都不会沾水。它们不会一下子吞进整条鱼，而是会用嘴将鱼撕成碎块，然后一块块地吃。主要分布在非洲塞内加尔等地。

乌灰鹞，雄鸟（*La Sousbuse mâle*）

　　乌灰鹞，为隼形目、鹰科鹞属。雄鸟上体呈灰棕色，下体呈淡红褐色，具显著的棕褐色纵纹。尾较长，带暗色横纹。它们栖息于低山丘陵和山脚平原，以及森林平原地区的河流、湖泊、沼泽和林缘灌丛等开阔地带，主要以鼠类、蛙、蜥蜴和大的昆虫为食，也吃小鸟、雏鸟和鸟卵。主要分布在欧洲到西亚一带。

1. 塞内加尔黑冠红翅鵙 (*Pie-grièche rousse à tête noire, du Sénégal*)

黑冠红翅鵙是中小型鸣禽。臀部羽毛勃松，体羽大多为黑色、白色，或主要由绿色、黄色或黄褐色、朱红色组成醒目的图案。极度灵活，但往往会先闻其声。它们栖息于林地、灌丛和森林，也常造访农田和花园。主要分布在非洲大陆地区。

2. 加拿大黑冠蚁鵙，雌鸟 (*Pie-grièche hupée, du Canada*)

黑冠蚁鵙雌鸟具有红棕色羽冠，脸部呈灰色。颈背和喉部呈浅棕色，下体呈灰白色，翅羽和尾羽呈棕黑色且带白色纵纹，尾羽末端有白斑。它们多栖息于灌木丛、落叶林、稀树草原和荆棘林缘中，偶尔见于城市花园和公园里，主要以昆虫为食，如甲虫、蝴蝶、蚱蜢、蝗虫、蜘蛛等，有时也吃小蜥蜴。主要分布在南美洲的北部和西北部地区。

Martinet.

松鸦 (*Le Geai*)

　　松鸦, 体长 28—35 厘米。翅短, 尾长, 羽毛蓬松呈绒毛状。头顶有羽冠, 遇刺激时能够竖直起来。羽色随亚种而不同。松鸦是一种森林鸟类, 常年栖息于针叶林、针阔叶混交林、阔叶林等森林中, 很少见于平原耕地。食性较杂, 食物组成随季节和环境而变化, 春末和夏天以昆虫为主, 也吃蜘蛛、鸟雏、鸟卵等。分布在欧洲、非洲西部和北部、喜马拉雅山脉、中东至日本、东南亚。

巴西红腰酋长鹂 (*Le Cassique rouge du Brésil*)

　　红腰酋长鹂，为雀形目、拟鹂科、酋长鹂属。全身大部分羽毛呈深黑色，腰及尾部覆羽呈鲜红色。它们栖息于草地、草原、沼泽、林地、森林中，通常在靠近水源、河湾处的树枝上筑巢，以无脊椎动物、种子、果实、花蜜和小型脊椎动物为食。分布在南美洲，包括哥伦比亚、委内瑞拉、圭亚那、苏里南、厄瓜多尔、秘鲁、玻利维亚、巴拉圭、巴西、智利、阿根廷、乌拉圭以及马尔维纳斯群岛。

小嘴乌鸦（*La Corneille*）

　　小嘴乌鸦，别名细嘴乌鸦，体长45—50厘米，是一种体型较大的黑色鸦。通体漆黑，无论是喙、虹膜还是双足均是饱满的黑色，嘴基部覆盖黑色羽毛。它们常在低山区繁殖，冬季游荡到平原地区和居民点附近寻找食物和越冬，喜结大群栖息。属杂食性鸟类，以腐尸、垃圾等杂物为食，亦取食植物的种子和果实，是自然界的清洁工。广泛分布在欧亚大陆、非洲东北部和日本。

秃鼻乌鸦（*Le Freux*）

　　秃鼻乌鸦，又名老鸦、老鸹、山鸟、山老公、风鸦，通称乌鸦。体长约45厘米，嘴基部裸露皮肤呈浅灰白色，除了嘴基部外通体漆黑。它们常栖息于平原丘陵低山地形的耕作区，有时会接近人群密集的居住区，喜结群活动。它们是杂食性鸟类，垃圾、腐尸、昆虫、植物种子、甚至青蛙、蟾蜍都出现在其食谱中。主要分布在欧亚大陆、非洲北部、印度次大陆、中国的西南地区、中南半岛和中国的东南沿海地区，以及太平洋诸岛屿。

1. 赤胸朱顶雀 (*La grande Linotte des Vignes*)

赤胸朱顶雀，体长约 13.5 厘米，有褐色条纹。腹部色浅，头偏灰。尾呈叉状，带白边。雄鸟的冠和胸部呈红色。它们栖于有稀疏树木及矮丛的开阔多岩丘陵山坡，以植物种子为食。分布在欧洲、东至西伯利亚、南至北非、亚细亚，冬季见于埃及、伊拉克、巴基斯坦、印度及中国的新疆等地。

2. 白腰朱顶雀 (*Le Cabaret*)

白腰朱顶雀，又称普通朱顶雀、朱顶雀，俗名（贝宁）点红、苏雀，为雀科、金翅雀属。体长约 13 厘米，额和头顶呈深红色，上体各羽多具黑色羽干纹；下背和腰呈灰白色，而沾粉红色，喉、胸均呈粉红色，下体余部呈白色。它们栖息于海拔 850 米以下的低山和山脚地带。常于草棵上、谷子和篙类的花穗上取食，或到打谷场觅食遗落在地上的稻谷，尤喜吃苏子，故有苏雀之称。分布在近北极地区、北欧至加拿大、俄罗斯、日本、朝鲜半岛，以及中国大陆。

3. 黄雀 (*Le Tarin*)

黄雀，为雀科、金翅雀属，体长约 12 厘米。雄鸟上体呈浅黄绿色，头顶羽冠和喉的中央为黑色；腹部为白色而腰部稍黄，均带有褐色条纹；两翼的大覆羽为黑色。它们主要栖息于针阔混交林和针叶林的山区，以及杂木林和河漫滩的丛林平原，以多种植物的果实和种子为食。分布在南欧至埃及、东至日本、朝鲜半岛、中国台湾岛及中国大陆。

martinet.

Martinet

蓝胸佛法僧（*Le Rollier*）

　　锡嘴雀，别名蜡嘴雀、铁嘴蜡子。嘴大而厚，又称厚嘴鸟，是燕雀科、锡嘴雀属的中等体型鸟类，体长约 18 厘米。雄鸟体羽大致呈褐色至棕色，具明显的白色宽肩斑，两翼呈蓝黑色。主要以果实、种子为食，结群活动，栖息于平原或低山阔叶林中。性情大胆，尤其是冬天到农家偷食向日葵子或松子时，即使轰赶也不远飞。鸣叫以哨音开始，以流水般的悦耳音节收尾，是著名鸣禽，也是常见鸟类，主要分布在欧亚大陆的温带地区。

圣多明各斑鸠（*Tourterelle, de St. Domingue*）

　　圣多明各斑鸠，上体羽以褐色为主，颈部呈黑褐色，上背呈褐色，尾端部呈浅灰色，下体为红褐色。它们栖息于山地、山麓或平原的林区，主要在林缘、耕地及其附近集数只小群活动。巢筑在树上，一般距地面 3—7 米，用树枝搭成，结构简单，觅食高粱、麦种、稻谷以及果实等，有时也吃昆虫的幼虫。主要分布在圣多明各地区。

喜鹊（*La Pie*）

　　喜鹊，体长 40—50 厘米，头、颈、背至尾羽均为黑色，双翅黑色而在翼肩有一大形白斑，尾远较翅长，呈楔形，腹面以胸为界，前黑后白。喜鹊在中国是吉祥的象征，自古有画鹊兆喜的风俗。它们的栖息地多样，常出没于人类活动地区，喜欢将巢筑在民宅旁的大树上。全年大多成对生活，杂食性，在旷野和田间觅食，繁殖期捕食昆虫、蛙类等小型动物。除南美洲、大洋洲与南极洲外，几乎遍布世界各大陆。

槲鸫（*La Drenne*）

　　槲鸫，为雀形目、鸫科、鸫属。体长约 28 厘米，是一种体型较大的褐色鸫。下体皮呈黄白色而密布黑色点斑，上体褐色较浓，外侧尾羽端呈白色，覆羽边缘亦呈白色。它们一般栖息于高山森林草原、高山针阔混交林或河谷林下，觅食于农耕地、开阔地、森林地面及林间。种群数量稀少，广泛分布在欧洲、非洲北部、北亚中部、中亚及中国西部的疏林和耕地，其中中国境内仅有新疆西南部、西北部天山等个别地方分布有少量群种。

田鸫（*La Calandrotte*）

田鸫，为鸫科、鸫属。灰色的头及腰部与栗褐色的背部成对比，下体呈白色，胸及两胁满布黑色纵纹，两胁沾不同程度的赤褐色，尾为深色。在树间飞行时不停发出尖厉的吱吱鸣叫，进攻鸦类时发出粗哑嘟叫声。它们常成群栖于林地及旷野，喜亚高山白桦林，一般营巢于茂盛的灌丛或树木间。飞行强健有力，会用粪便攻击天敌和闯入者。分布在欧洲、北非，以及包括中国大陆的新疆、青海、甘肃等地在内的中东亚地区，种群数量稀少。

尼柯巴鸠（*Pigeon de Nincombar*）

　　尼柯巴鸠，大型鸽类，体长34—40厘米。头部和颈部的长羽为黑灰色，带有紫色金属光泽；上体主要为绿色，带有红铜色光泽；翅膀带有蓝色；下体为暗灰色；尾羽呈白色。它们栖息于岛屿上的林地中，集群营巢于树木或灌丛上，以植物种子、果实和小型无脊椎动物等为食。分布在孟加拉湾的尼科巴群岛、印度尼西亚、新几内亚和所罗门群岛等地。

海南灰孔雀雉，雄鸟（*L'Eperonnier mâle, de la Chine*）

　　灰孔雀雉，雄鸟体长 50—67 厘米，体重 456—710 克，头上有蓬松而延长的发状羽冠。羽色深而褐色浓，上背、翅膀和尾羽端部具紫色或翠绿色金属光泽的绚丽的眼状斑。灰孔雀雉栖息于海拔 1500 米左右的热带雨林、季雨林及竹林中，活动于阔叶林下灌丛草地上、森林茂密、林下植被较发达的阴湿地面上，主要以昆虫、蠕虫，以及植物茎、叶、果实、种子为食。海南灰孔雀雉是中国海南岛的特有种，非常稀少，见于海南岛西南部仅存的山林中。

灰孔雀雉，雌鸟 (*L'Eperonnier Femelle*)

灰孔雀雉，雌鸟比雄鸟略小，体长 33—52 厘米，体重 460—500 克。尾羽稍短，体色与雄鸟相似而较暗，眼状斑不明显。它们栖息于海拔 1500 米左右的热带雨林、季雨林及竹林中，活动于阔叶林下灌丛草地上，森林茂密、林下植被较发达的阴湿地面上，主要以昆虫、蠕虫及植物茎、叶、果实、种子为食。分布在孟加拉国、不丹、柬埔寨、中国、印度、老挝、缅甸、泰国和越南。

雷鸟（*La Gelinotte blanche ou le Lagopède, dans son plumage d'Eté*）

　　雷鸟是寒带地区特有的鸟类。羽色因季节而异，而与环境一致：冬季羽毛呈白色，与雪地相一致；春夏则为有横斑的灰或褐色，以配合冻原地区的植被颜色，这是雷鸟最典型的一个特点。它们夏、秋两季栖于矮桦灌丛、草甸、高山草原等地区，冬季常向气候较暖地区移动。以植物嫩枝、叶、根等为主食。广布于北美洲的北部及欧亚大陆极北部的北极圈内。在北美印第安神话中，雷鸟是全能神灵的化身，在空中具有搅动雷电之威力。

渡鸦（*Le Corbeau*）

　　渡鸦，别名胖头鸟，是数种鸟喙厚并具有黑色羽毛的鸟类统称，体型比乌鸦大。羽毛光亮，还带有蓝色或紫色光辉。成鸟身长56—69厘米，幼鸟成群活动，之后则与伴侣共同生活，每对伴侣皆有各自的领域。它们栖息于高山草甸和山区林缘地带。杂食性，主要取食小型啮齿类、小型鸟类、爬行类、昆虫和腐肉，也取食植物的果实，甚至人类活动的剩食等。渡鸦可以在不同的气候下生存，是鸦属中分布最广的物种，分布在北半球。它们是不丹的国鸟。

王风鸟（*Le Manucode*）

　　王风鸟，别名国王天堂鸟，是一种雀形目、极乐鸟科鸟类。雄鸟通体主要为绯红色与白色，肩部有绿色点缀的扇状羽毛。尾部为两条细长的线，末尾装饰着祖母绿色的盘状羽毛。它们分布在新几内亚和附近岛屿的低地森林中，被称为"活宝石"，是极乐鸟中最小、颜色最鲜艳的物种。他们的饮食主要是水果和节肢动物。

鲑色凤头鹦鹉（*Le Kakatoès à huppe rouge*）

　　鲑色凤头鹦鹉，又名摩鹿加凤头鹦鹉、朱路冠凤头鹦鹉、红葵凤头鹦鹉。体长约 50 厘米，体羽主要为白色，头顶有鲑色冠羽，有时会竖起头冠。它们常栖息于开阔的林地、红树林、沼泽区、溪河边的森林区等地，主要食用坚果、椰果、种子、浆果、昆虫等。分布在印尼摩鹿加群岛的西瑞岛及周围邻近的小岛。由于人类的盗捕，该物种数量已急剧下降，濒临灭绝。

1. 雪鹀 (*L'Ortolan de neige*)

雪鹀，体长约 17 厘米，喙为圆锥形，是一种体形矮圆的黑白色鹀，白色的头、下体及翼斑与其余的黑色体羽形成对比。它们栖息于光裸地面，多见于低山区和丘陵地带的开阔区，有时也见于平原地区，喜在路旁未全被雪覆盖的草丛中或在公路旁活动，以杂草种子、昆虫为食。分布在欧亚、北美等地极北地区，以及中国大陆的黑龙江、吉林、内蒙古、新疆、河北等地。

2. 芦鹀，雌鸟 (*Femelle de l'Ortolan de roseaux*)

芦鹀是体型略小的鹀类。雌鸟头部呈赤褐色，头顶及耳羽具杂斑，眉线皮黄。体羽似麻雀，外侧尾羽有较多的白色。有棕色小覆羽，上嘴呈圆凸形。它们一般栖息于平原沼泽地和湖沼沿岸低地的草丛和灌丛，也见于丘陵和山区。主食植物种子，也食昆虫。主要分布在欧洲、北亚的堪察加半岛、中国、日本、中亚和印度西部。

Martinet.

107

卡罗莱纳长尾鹦鹉（*Perruche de la Caroline*）

　　卡罗莱纳长尾鹦鹉是美国东部唯一的本土鹦鹉品种。此鹦鹉被发现于俄亥俄谷至墨西哥湾一带，一般居住于河流或沼泽旁的柏树及槭树上。它们以谷物、水果等农作物为食，具有群居的习性。由于农地的扩张、农民的射杀及它们群居的习性（当一个地区内的同类数目减少，它们很快就会飞回来补充），卡罗莱纳长尾鹦鹉现已灭绝。

马达加斯加黑鹦鹉 （*Le Perroquet noir de Madagascar*）

马达加斯加黑鹦鹉，羽毛为黑棕色，尾羽的覆羽带有不同程度的灰色斑纹。脚短、强大、对趾型，两趾向前两趾向后，适合抓握和攀援生活。它们主要栖息于森林地区、红树林区、沼泽区、热带草原，偶尔也会前往农耕区和果园等处活动觅食，以种子、浆果、水果、花朵等为食。分布在科摩罗、马达加斯加、塞舌尔。

马达加斯加宽喙三宝鸟 (*Le Rolle de Madagascar*)

　　马达加斯加宽喙三宝鸟，为佛法僧目、佛法僧科。其头宽，头顶扁平。身披葡萄酒红色，初级飞羽边缘呈蓝色，尾部和尾羽呈淡蓝色，尾尖有灰色、蓝色和黑色三条横带。主要栖息在针叶林、阔叶林和高大的乔木树梢上，常见其单独或成对在林区边缘或者耕田上活动，早晚时期活动最为频繁。以昆虫为食，偏好金龟子、天牛等，常在飞行中捕食。分布局限于马达加斯加岛。

卡宴黑色小杜鹃 (*Petit Coucou noir, de Cayenne*)

　　卡宴黑色小杜鹃，为鹃形目、杜鹃科。其头部至上背、喙下至胸部、翼羽和尾羽皆呈黑色；下背以及下腹呈白色，带有浅灰色波状斑纹；腹中沾有红棕色。卡宴黑色小杜鹃是圭亚那地区特有物种。通常情况下，小杜鹃生性孤独，经常独自活动，主要栖息在低山丘陵、森林边缘、次生林和阔叶林，偶尔也会到疏林和灌木林活动。常以昆虫为食，偶尔也吃植物的种子和果实。

1. 沼泽山雀（*La Mésange à gorge noire*）

沼泽山雀，为雀形目、山雀科。相比大山雀，沼泽山雀体型小巧，体长约 11 厘米。其头部和后颈呈黑色，部分亚种带有凤头；颈部有一块黑色羽毛，状如"山羊胡"。头部至背部呈灰褐色，与尾羽同色，但尾羽颜色更深；腹部呈污白色，两肋沾褐色。其广泛分布在欧亚大陆，栖息于高大乔木的树冠，也会到低矮的灌木丛中觅食。其主要以昆虫为食，亦食少量植物种子。

2. 凤头山雀（*La Mésange huppée*）

凤头山雀，为雀形目、山雀科。体长约11.5厘米，体重10—13克。上身呈红棕色，下身呈乳白色，头顶有突出的黑色羽簇，有如冠状，头部两侧眼角处有一黑色羽带，呈"羊角面包"状，颈部有黑色"围脖"。主要生活在针叶树林，偶尔也会生活在老树丛生的公园和花园。以昆虫与幼虫为食，冬季也会吃一些植物的种子。

3. 银喉长尾山雀（*La Mésange à longue queue*）

银喉长尾山雀，为雀形目、山雀科。其体型圆润小巧，体长 10—13 厘米，翼展 5—6 厘米，尾长 6—8 厘米，尾长超过头部和身体总长。其羽毛丰满，头、背、翼和尾部羽毛呈黑色或灰色，下体呈白色或淡灰棕色，腹部沾葡萄红色，部分种类喉部有暗灰羽斑。其广泛分布在欧亚大陆，主要见于各类树林中，以群居方式生活，以昆虫和植物种子为食。该鸟被罗马尼亚誉为"国鸟"。

1. 凤头百灵（*Le Cochevis*）

凤头百灵，为雀形目、百灵科。其体型偏大，体长约 17 厘米，翼展达 29—38 厘米，体重 37—35 克。上体呈沙褐色，下体呈浅皮黄色，胸部有纵纹。头顶冠状羽簇时而耸起，时而翻折。羽翼宽，翼下呈锈色；尾深褐而两侧黄褐，飞翔时尤为明显。主要栖息于平原、旷野、耕地等；其巢通常筑在原野里，以草和根为原料筑就，鸟巢结构杂乱。主要以谷物为食，亦捕食昆虫。

2. 短尾百灵（*La petite Alouette huppée*）

短尾百灵，为雀形目、百灵科。其上体与双翼具有红棕色与褐色相杂的斑纹，下体呈浅灰白色，颈部有一圈白领；鸟喙呈灰黑色，并向下弯曲；腿呈红色。其体重达 24 克。与凤头百灵相比，其体型偏小，鸟尾更短。但是其栖息环境与饮食习性与凤头百灵相近。主要分布在埃塞俄比亚、肯尼亚、索马里和坦桑尼亚等国，经常游猎迁徙，属于候鸟。

1. 塞内加尔凤头百灵（*Cochevis du Sénégal*）

　　塞内加尔凤头百灵，为雀形目、百灵科。其体长约28厘米，鸟喙约2厘米，翼展达30厘米，尾羽6厘米。其顶部有凤头，呈翻折状，凤头羽毛长度超过头顶羽毛。上体灰色与褐色相杂，下体呈污白色，颈部有细小褐色斑点，翅羽呈灰褐色，箭羽末端呈灰色。雌鸟头部及上体有褐色条纹。其体型与常见百灵相似。主要分布于非洲的尼日尔和塞尔加尔等国。

2. 好望角长翅百灵（*Calandre du Cap de bonne Espérance*）

　　好望角长翅百灵，是地中海的一种百灵。其体长约20厘米，喙长2—3厘米，翼展约30厘米，尾长约7厘米。其喙呈黄色，腿呈深灰褐色。上体呈褐色，杂有灰色；胸部灰色、褐色、浅黄色掺杂；喉咙及鸟颈上部呈亮丽的黄色，周围有一圈黑色，尤如人的"领带"。部分雌鸟"领带"呈浅红棕色。主要生活在欧洲南部。

Martinet

1. 加拿大橙腹拟鹂 (*Le Baltimore, du Canada*)

加拿大橙腹拟鹂，为雀形目、拟鹂科。其体型中等，体长17—22厘米，翼展23—32厘米，尾略长，趾长，喙细而尖。成年橙腹拟鹂翅膀具白色线条。雄性成鸟腹下部位呈黄色，其余部位呈黑色。在夏天及其迁徙的时候，可以在开阔林地，森林边缘，森林湿地及沿河高树上看到其身影。其主要活动在高大且枝叶繁茂的乔木上，不常在密林栖息。常在乔木和灌木丛中觅食，以昆虫、浆果和花蜜为食，偶尔飞行捕食。分布在北美和南美地区。

2. 加拿大橙腹拟鹂，雌鸟 (*Le Baltimore bâtard, du Canada*)

加拿大橙腹拟鹂雌鸟比雄鸟略小。上体呈黄棕色，羽翼色泽偏暗；胸部和腹部呈暗橙黄色。

Maraud.

119

中国鸲鹆（*Merle Huppé, de la Chine*）

　　中国鸲鹆，为雀形目、椋鸟科。其体长 23—28 厘米，通体黑色，前额有长而竖直的冠状羽簇。翼有白色翅斑，飞翔时尤为明显，略成八字状，故别称"八哥"。其喙呈乳黄色，脚为黄色。其性不畏人，聪明乖巧，善于效鸣，且能模仿人语，故深受人们喜爱。鸲鹆主要栖息于海拔 2000 米以下的低山丘陵和山脚平原地带的森林中，也栖息于果园、牧场，有时甚至还栖息于屋脊上或田间地头。广泛分布在中国的中部和南部，是常见的留鸟。

中国小八哥（*Le petit Merle huppé, de la Chine*）

　　中国小八哥体型与云雀相似，翼展约 27 厘米；静止时，翼羽尖端长至尾中位置。头顶部羽毛较长，可以耸起，形成凤冠。眼睛后部有一小块粉红色，喙基部至两侧脸颊有黑色线条，看起来很像人的"胡子"。上体主要呈褐色，包括头、双翼和凤冠，但是翼侧四根箭羽末梢呈白色。下体呈白色，胸部上方有褐色斑纹。尾部沾粉红色，颜色较浅。

卡宴乳白啄木鸟（*Pic jaune de Cayenne*）

　　卡宴乳白啄木鸟，为䴕形目、啄木鸟科。乳白啄木鸟并不是乳白色啄木鸟。其头部、颈部至背部，以及腹部呈黄色，或米黄，或淡黄。翼羽呈黑色，有些种类具有大片棕色；尾羽呈黑褐色。雌、雄两性的区别在于雄性的面颊下方具鲜红色斑。大多数啄木鸟攀附在树干上，而乳白啄木鸟可以横栖在树枝上。常活动于沼泽森林、湿地、红树林等区域，主要以昆虫为食，也吃植物种子和果实。分布在圭亚那、苏里南等国家和地区。

原鸽（*Le Biset*）

　　原鸽，为鸽形目、鸠鸽科。原鸽分布遍布各大洲，其体型中等，体长约 32 厘米，以植物的种子和果实为食。其羽毛主要呈蓝灰色，翅端和尾端有黑色横斑，头部及胸部具有紫绿色金属光泽。原鸽包括家鸽及大部分城市鸽子，被认为是家鸽的祖先，而家鸽也会重新野化，回到原始状态。现在大城市中鸽群庞大，俨然成为一道亮丽的风景线。

1. 洛林雪鹀，雄性（*Ortolan de la Lorraine*）

　　洛林雪鹀，为雀形目、雀科。该鸟在洛林地区十分常见。其喉部、颈前、胸部呈淡灰白色，沾黑色斑纹；身体剩下部位呈深红棕色；头部及身体上部呈红棕色，沾黑色斑纹。眼睛周围颜色较浅，眼睛上有一条黑线。双翼覆羽上的小羽毛呈淡灰白色，中间呈黑色和红棕色，且初级箭羽边缘沾淡灰白色。尾羽呈红棕色，中间两根箭羽镶有灰边。喙基部呈橙黄色，尖端呈黑色；舌呈叉状，双趾呈黑色。在洛林地区，雪鹀经常把巢穴筑在麦地里。

2. 洛林雪鹀，雌性（*Ortolan de Passage*）

　　与雄鸟相比，洛林雪鹀雌鸟在外形上有着显著区别，主要表现在：雌鸟的的颈部混杂着红棕色和白色；身体下部呈白色，沾浅红棕色；头部黑色、红棕色、白色掺杂在一起；眉羽呈白色，脸颊呈深红棕色，眼上缺少黑色线条。因此，可以根据这些简单的外在特征差异，区别洛林雪鹀的生物性别。

卡宴黑杜鹃（*Coucou noir, de Cayenne*）

    黑色杜鹃分为多种，卡宴黑杜鹃只是其中一种。此物种的喙呈亮丽红色，喙基部带有硬直的毛；身披黑色，但上体颜色较之下体显得更深；肩羽有灰色波状纹路；两趾近乎黑色。卡宴地区还能看到小黑色杜鹃，其尾羽非常短，下腹呈苍白色，其余部位，包括喙、趾和羽毛等呈黑色，经常在树干中筑巢。另外还有孟加拉黑杜鹃等。

大苇莺（*La Rousserolle*）

　　大苇莺，为雀形目、苇莺科。大苇莺体型轻巧，比麻雀更小。翅羽呈褐色，边缘呈淡棕色；尾羽亦呈褐色，但颜色较翅羽稍浅。上体呈黄褐色，腹面为淡黄棕色，腹中为乳白色。上喙呈黑褐色，下喙为苍白色。生性活泼，常单独或成对出现，在草地及树枝上下跳窜，但是随时保持机警。主要栖息于水边、河边及芦苇丛，以昆虫为食，也吃植物果实和种子。

中国鹦鹉 (*Perroquet, de la Chine*)

　　中国鹦鹉，为鹦形目、鹦鹉科。其特点是鸟喙向下弯曲，强劲有力；种类繁多，羽毛丰富，色泽鲜艳亮丽；属于典型的攀禽动物，其脚呈对趾型，适合抓握树枝。其在全球分布范围广阔，在中国主要产于四川、西藏和云南。主要生活在热带及亚热带森林中，以植物果实为食。因其具有超强模仿人类说话能力，故而成为大众喜爱的宠物。

卡宴田鸫（*Grive, de Cayenne*）

　　卡宴田鸫，为雀形目、鸫科。灰头，背部呈栗褐色；下体呈白色，布满栗褐色纵纹。喜欢在中型山区的林中和草地活动，常发出咯咯叫声，鸣声响亮粗糙。每年三月末开始在树丛或灌木丛筑巢，经常好几对田鸫的巢筑在一块儿。主要以昆虫、幼虫、小虫子及落在地上的浆果和水果为食。繁殖时分布在北欧至西伯利亚，越冬时飞至南欧、北非、中东及远东地区。

环颈鸫 (*Le Merle à collier*)

　　环颈鸫，为雀形目、鸫科。其体长 23—25 厘米。雄鸟与黑鸫相似，皆呈黑色，但是环颈鸫胸前有一块白色，状如"羊角面包"，飞行时，翼端呈白色。雌鸟呈褐色，胸前"羊角面包"没有雄性的显眼。其巢筑在森林边缘或者高山牧场的针叶树上，夏季以蚯蚓、蜗牛、蜥蜴、幼虫等为食，秋季以水果和浆果为食。环颈鸫属于候鸟，夏季时生活在英国北部及斯堪的纳维亚的高海拔地区，冬季迁徙至非洲。

本地治里绯胸鹦鹉（*Perruche, de Pondicherry*）

　　本地治里绯胸鹦鹉，为鹦形目、鹦鹉科。其喙强劲有力，上颌呈倒钩状。额前有一细黑带延伸至两眼，头部呈紫灰色。上体呈金绿色，喉部和胸部呈葡萄红色，下体及翼下呈绿色，腹中沾有紫蓝色。主要活动在低地的开阔林区、红树林、农耕区、花园及公园，喜欢鸣叫，声音洪亮；以种子、谷物和浆果等为食。广泛分布在中南半岛各国，直至马来西亚中部地区。

安汶岛红色吸蜜鹦鹉 (*Lori, d'Amboine*)

安汶岛红色吸蜜鹦鹉，为鹦形目、鹦鹉科。其体长约 30 厘米，体重约 170 克，寿命可达 16 年。其羽颜色亮丽，头部、颈部及身体大部分呈红色，羽翼沾有黑色和蓝色。与普通鹦鹉相比，其喙和舌更长，舌上有刷状毛，便于取食花粉和花蜜。主要分布在印度尼西亚诸岛屿，生活在潮湿的原始森林、红树林沼泽区等林区。近年来，受人类捕捉影响，其数量在不断下降。

中国红衣吸蜜鹦鹉（Lori de la Chine）

中国红衣吸蜜鹦鹉，为鹦形目、鹦鹉科、吸蜜鹦鹉亚科。其体长约30厘米，尾羽较长。浑身羽毛呈鲜红色，背部颜色较深，偏棕色。上喙长而下弯，舌上有刷状毛，便于取食小型浆果、水果、花朵和花蜜，尤其偏好鲜艳的红色花朵果实。主要栖息于雨林、红树林等地，捕食时会发出引人注目的嘈杂叫声。在中国，主要分布在台湾、南沙群岛及其附近岛屿。

1. 菲律宾短尾鹦鹉，雄性 *(Perruche mâle des Philippines)*

菲律宾短尾鹦鹉，为鹦形目、鹦鹉科、短尾鹦鹉属。其体型小巧，尾羽较短；上喙倒钩，强劲有力；身披绿色，额部红色，喉咙及胸部上方有大块红色，臀部及尾部覆羽亦呈红色。主要活动在森林边缘、茂密林区、次生林、果园及灌木丛等地，经常悬挂在树枝上休息或嬉戏，以花朵、花蜜、水果为食。该物种分布主要集中在菲律宾。

2. 菲律宾短尾鹦鹉，雌性 *(la femelle)*

菲律宾短尾鹦鹉雌鸟的喉部没有红色，喙根有小块淡蓝色。主要活动在森林边缘、茂密林区、次生林、果园及灌木丛等地，经常悬挂在树枝上休息或嬉戏，以花朵、花蜜、水果为食。该物种分布主要集中在菲律宾。

卡宴秃鸦 (*Choucas chauve, de Cayenne*)

卡宴秃鸦外形与小嘴乌鸦相似，但是羽色不同。该鸟上体羽毛呈黄褐色，混浅绿色；下体羽毛亦呈黄褐色，混淡红色。双翼箭羽呈褐色，尾羽箭羽近乎黑色。与常见的鸦相比，其鼻孔光秃，深凹；喙基部偏大，呈弧形。布封曾做大胆猜测，认为此鸦秃顶只是一时的表面现象，因为乌鸦喜欢将头钻进土里，久而久之，其头部羽毛便被全部磨掉，变成了秃头。

小嘴乌鸦（*Le Choucas*）

　　小嘴乌鸦，为雀形目、鸦科。体型偏大，体长约 50 厘米，通体漆黑，叫声粗哑。广泛分布于欧亚大陆，喜欢结伴群栖，经常能在城市和乡村看到它们的身影。冬季的时候，白天经常看到鸦群郊区垃圾场觅食，晚上飞回市区栖息。小嘴乌鸦属于杂食性鸟类，以动物为主食，但有一独特口味——喜吃尸体。正因如此，人们认为其代表着"不祥"。

寒鸦（*Le Grolle ou Choucas gris*）

　　寒鸦，为雀形目、鸦科。寒鸦，素有"慈乌"、"慈鸟"之称。其形似乌鸦，体小如鸽，体长 34—39 厘米；颈后和胸腹部羽毛呈灰白色，其余部分呈黑色。主要栖息于森林、泥沼区、多岩地区和城镇乡村，经常结伴群栖，爱好热闹。分布于世界各地，欧洲、北非、中东及中亚等地区。在中国，寒鸦常见于北方，但是在冬季，华南地区也能见到其身影。

卡宴南美栗啄木鸟（*Pic jaune tacheté, de Cayenne*）

卡宴南美栗啄木鸟，为䴕形目、啄木鸟科。其羽主要呈栗色。头部羽毛较长，颜色偏浅；尾羽近末端颜色较深。喙基部两侧各有一块红色。经常攀缘在树上，以虫和植物果实为食。主要分布在南北地区，靠近亚马逊平原一带，包括圭亚那、委内瑞拉、苏里南、哥伦比亚、巴拉圭、玻利维亚、乌拉圭、厄瓜多尔等国家。近年来，受环境破坏影响，其数量呈下降趋势。

卡宴金黄锥尾鹦鹉 (*Perruche jaune de Cayenne*)

　　卡宴金黄锥尾鹦鹉，为鹦形目、鹦鹉科、鹦鹉亚科、金刚鹦鹉族，因其身披橘黄色，故得此名。当然，它们也有绿色的飞羽。其性格聪明、粘人、爱玩，深受养鸟人士欢迎。主要生活在巴西亚马逊盆地比较干旱的高地雨林，以植物花朵、嫩芽，和种子为食。近年来，因生态环境遭破坏，以及人类的非法猎杀，其数量不断下降，已被列为濒危动物。

卡宴鹰头鹦鹉（*Le Perroquet maillé, de Cayenne*）

卡宴鹰头鹦鹉，为鹦形目、鹦鹉科。其体长约35厘米。其额头和顶冠呈柔和的白色；枕部和头部两侧具棕色羽毛，沾柔软白色条纹；颈后羽毛呈暗红色，镶有蓝边；上体其余部分呈绿色；胸部和中腹部呈暗红色，具蓝色齿状滚边；下体和下腹部呈浅绿色。该鹦鹉行为奇特，能将颈部冠羽耸起，状如印第安人带的羽冠，十分有趣。因其神情像鹰，故称鹰头鹦鹉。主要活动在低地雨林，偏好河边的山丘雨林，以植物的嫩芽、种子、果实和浆果为食。分布限于亚马孙河流域、苏里南和圭亚那。

卡宴黑顶鹦鹉（*La petite Perruche Maypouri, de Cayenne*）

卡宴黑顶鹦鹉，为鹦形目、鹦鹉科。其喙短且大，上喙向下弯曲，呈倒钩状。头顶部具有黑色，状如一顶"小黑帽"。身体上部呈绿色；胸部和腹部呈棕色，而脸颊、颈部和尾部和大腿呈黄色。尾短，尾下覆羽呈棕色，较腹部颜色更深。其双趾粗壮有力，能够牢牢抓住树枝等物。主要活动在低地的热带雨林等地区，以植物的种子和果实等为食。

伊利诺斯鹦鹉（*La Perruche Illinoise*）

　　伊利诺斯鹦鹉，为鹦形目、鹦鹉科。其身体上部为绿色；脸颊和下腹呈黄色。尾羽长，呈锥状。主要生活在森林地区、红树林区、沼泽区、雨林边缘、次林区等，有时也会飞到公园和花园里高达的树木上休息。常以植物的果实、种子、花朵和嫩芽为食。雌雄伊利诺斯鹦鹉之间感情深厚，如果一方不幸死去，另一方就会变得忧伤，直至死亡。

加拿大冠蓝鸦（*Geai bleu, du Canada*）

　　加拿大冠蓝鸦，为雀形目、鸦科。其体长 24—30 厘米，翼展 34—43 厘米，体重 70—100 克。头部具蓝色短羽冠，颈部有黑圈；上体呈蓝色，下体呈灰白色；两翼和尾羽有明显白色线条。其叫声嘈杂，主要生活在阔叶林和疏林，以草籽、谷物、水果、小型无脊椎动物等为食。广泛分布在北美、加拿大南部及墨西哥湾。该鸟是多伦多职业棒球队的队徽。

加拿大褐鸦（*Geai brun, du Canada*）

加拿大褐鸦，为雀形目、鸦科。其上体呈褐色；头顶部、喉部、颈部及下体呈污白色。两侧脸颊有一块褐色。其体型与冠蓝鸦相似，但是褐鸦头顶缺少凤冠。褐鸦主要生活在各种类型林区，包括混合林地、落叶林、公园、甚至花园。其常以植物果实、谷物及小型无脊椎动物为食，属于杂食性动物。其分布主要集中在北美的加拿大等地区。

阿尔卑斯黄嘴山鸦（*Le Choucas, des Alpes*）

　　阿尔卑斯黄嘴山鸦，为雀形目、鸦科、山鸦属。山鸦属分两个物种，即黄嘴山鸦和红嘴山鸦。这两种山鸦的羽毛均呈黑色，趾呈鲜艳红色。其羽宽大，能进行特技飞行，令人惊叹。相对而言，黄嘴山鸦更偏爱山区，但也时常会在一个地方同时见到它们。人们经常会混淆这两种鸟，其区别特征在于：红嘴山鸦的喙比黄嘴山鸦更长，呈橙黄色。山鸦主要栖息在山崖，主要以无脊椎动物为食，亦吃少量植物。分布在欧亚大陆南部和非洲北部。

美洲黄鹂（*Le Troupiale*）

　　美洲黄鹂，为雀形目、黄鹂科。其喙长且尖，羽毛色彩极其鲜艳。头部、喉部至胸部，以及背部覆羽、尾羽、翼羽呈黑色；翼羽覆羽沾有白色；其余部位呈橙色。主要生活在美洲热带地区，经常活动在阔叶林等森林区，喜欢群居，爱热闹。其巢和织布鸟的巢一样显眼，十分引人注目，易于被发现。美洲黄鹂属于杂食性动物，以昆虫和种子等为食。

卡宴黑头黄鹂 （*Troupiale jaune à calotte noire, de Cayenne*）

　　卡宴黑头黄鹂体型比鸫鸟偏小，头顶具有黑色，状如"黑色小帽"。其喙、双趾、尾巴呈黑色；头的其他部分、颈部和下体羽毛呈黄色，色泽亮丽；上体剩余部分呈黑色；两翼覆羽以及箭羽末梢有白色条纹。眼睛周围无毛。雌鸟看起来与西班牙褐鹂相像，上体羽毛呈黑褐色；其余部位，包括双翼箭羽边缘、喙、两趾，皆呈现出或深或浅的黄色。主要分布在圭亚那等地区，常栖息在林区。

圣多曼格黑色美洲黄鹂 （*Troupiale noir, de St. Domingue*）

　　黑色美洲黄鹂除了分布在圣多曼格，还分布在牙买加和圭亚那，而在路易斯安那州地区，该鸟更是常见。该鸟体型比鸫稍大。其喙尖，呈锥状。身披黑色羽毛，上体羽毛具绿紫色光泽。雄性体型要比雌性大一些。主要生活在美洲热带地区的阔叶森林等林区，甚至会出现在高大乔木上，喜欢集体活动，群居。其食性杂，主要以昆虫和植物种子等为食。

1. 黄鹂 (*Le Carouge*)

黄鹂，为雀形目、黄鹂科。其喙尖，呈锥形，稍微下弯。头部、颈部至胸部呈棕色；背部、尾羽以及翼羽呈黑色，且两侧翼羽上各有一块红棕色；身体其余部位呈红棕色。黄鹂主要生活在阔叶林中，经常栖息在平原或者低山的森林区，有时还会落到村落附近的高大乔木上。主要以昆虫为食，常在林间飞行觅食，也会食浆果等一些植物的果实。

2. 圣托马斯岛黄翅黑鹂 (*Carouge de l'Isle St. Thomas*)

圣托马斯岛黄翅黑鹂，为雀形目、拟鹂科。该物种除肩翅呈黄色外，其余身体部位均呈黑色。黄翅黑鹂喜欢群居，但确实行的是"一夫一妻制"，雌鸟一次下 2—4 颗蛋。其主要活动在沼泽区、淤泥地、农田等地区，其巢筑在大片芦苇丛中，以昆虫和植物种子为食。分布在阿根廷、智利、巴西南部、乌拉圭、巴拉圭南部、秘鲁南部，以及玻利维亚西部。

2.

1.

Martinet

圭亚那美洲黄鹂（*Troupiale de la Guiane*）

圭亚那美洲黄鹂，为雀形目、黄鹂科。在布封的原著里，此鸟被认为是美洲黄鹂的幼鸟或者雌鸟。其喉部、颈前及胸部呈红色，表面沾浅白色线条；其余部位近乎全黑，且每根羽毛边缘镶有灰边。主要生活在美洲热带地区的阔叶林等各种林区，经常栖息在平原或者低山的森林区，经常单独或集体活动。主要以各类昆虫和多种植物果实等为食。

霸鹟（*Le Tyran*）

　　霸鹟，为雀形目、霸鹟科。霸鹟科是世界上最大的鸟类家族，各物种在体型、颜色和生活习性上存在不同。霸鹟生性大胆，争强好斗，有的物种敢与比自己大的动物搏斗。其分布范围广，主要分布在南美洲热带地区，品种繁多；少数分布在中美洲和北美洲地区。主要栖息于森林和草地，如热带低地、南部热带森林、山区常绿森林、山区灌木丛及背部温带草原，其中大部分物种以昆虫为食。

塞内加尔须嘴鸦（*Pie, du Sénégal*）

　　塞内加尔须嘴鸦，为雀形目、鸦科。其羽主要呈黑色，两翼飞羽及尾羽呈褐色。体重约130克。主要活动在亚热带和热带的草原，牧场、农耕区、花园及干燥的稀树草原。分布集中在非洲中南部地区，包括阿拉伯半岛和撒哈拉沙漠以南的的整个非洲大陆。

犹大王国紫鸫 （*Merle violet, du Royaume de Juda*）

　　紫鸫，为雀形目、鸫科。该物种体长约 25 厘米，喙呈黄色，强劲有力。身上具有三种颜色，分别是紫色、绿色和蓝色。其头部、颈部及身体上部呈纯紫色；尾巴及其覆羽呈蓝色；羽翼呈绿色，中间有一块蓝色。主要活动在各种森林和草场中，属于杂食性动物，常以植物的种子和果实，以及昆虫为食。其分布范围有限。

1. 卡宴棕榈鸫 (*Le Palmiste, de Cayenne*)

　　卡宴棕榈鸫，为雀形目、鸫科。棕榈鸫体型小巧，比云雀小。其头部黑色，额部及眼睛周围呈白色；上体羽毛呈橄榄绿色；喉部和前颈位置呈白色，胸部苍白色；下体呈灰白色。该物种喜好在棕榈树上栖息、觅食和筑巢，因此而被称为"棕榈鸫"。常见于圣多曼格和安地列其群岛。法属圭亚那卡宴地区也有此鸟，但是相对其他地方而言，数量比较稀少。

2. 马达加斯加金翅鸫 (*Le Merle d'oré, de Madagascar*)

　　马达加斯加金翅鸫，为雀形目、鸫科。该鸟羽毛颜色独特，其头部和脸颊呈黑色，额前有一块白色，眼睛周围有一圈白色；背部、双翼、尾羽呈金色，具光泽，像镀了黄金一样；身体其余部位呈白色。主要活动在多种环境的森林区域，常以昆虫，甚至植物的种子和果实等为食，属于杂食性动物。其分布主要局限在马达加斯加岛等地区。

1.

2.

Martinet.

1. 楼燕（*Le Grand Martinet*）

　　楼燕，为雨燕目、雨燕科。其体长 16—7 厘米，体重 38—50 克，翼展 42—48 厘米。除喉部及上胸呈灰白色之外，通体呈烟褐色。它与燕子的区别在于其翼羽呈镰刀状，身体更大，更狭长。楼燕主要栖息在森林、平原、海岸、城镇等各类环境中，经常边飞边叫，并捕捉飞行性昆虫为食。夏季时，可以在西欧、地中海盆地、中亚、华北看见楼燕的身影；冬季时，它们则迁徙到非洲，主要在赤道以南区域过冬。

2. 白腹毛脚燕（*Le Petit Martinet*）

　　白腹毛脚燕，为雀形目、燕科。白腹毛脚燕又称"毛脚燕"或"白腹燕"。其头部、背部及箭羽呈黑色，具黑蓝色金属光泽；腰部及下体呈白色；翼羽和尾羽呈黑褐色。该鸟主要栖息在山地、森林、河谷等多种环境中，尤其喜欢临近水域的崖石山坡和悬崖，经常成群活动。白腹燕以昆虫为食。夏季主要分布在欧洲、北非、亚洲温带地区；冬季则迁徙到非洲撒哈拉沙漠南部地区，以及亚洲热带地区。

1. 家燕（*L'Hirondelle de Cheminée*）

家燕，为雀形目、燕科。其上体呈蓝黑色，带有金属光泽，腹部呈白色；双翼狭长而尖，飞行时体态轻盈，变化迅速；尾呈叉状，形如"镰刀"；叫声尖锐而又短促。广泛分布于世界各地，主要栖息于人类居住的环境，比如电线杆、屋顶、田野及河滩。在飞行中觅食，抓捕各类飞虫。文学和宗教作品中对家燕多有赞扬，其更被爱沙尼亚誉为"国鸟"。

2. 崖沙燕（*L'Hirondelle de rivage*）

崖沙燕，又称"灰沙燕"。其体长 11—15 厘米，体重 11—17 克。上体呈褐色，头部、背部及尾部覆羽颜色较浅；胸部有褐色横带；颈部、腹部及尾下覆羽呈白色。雌雄颜色差别不大。广泛分布于除澳大利亚之外的世界各地，主要栖息在湖泊、泥质沙滩及土崖上，以群居方式生活。崖沙燕以昆虫为食，善于在空中飞行时捕食。

1. 马提尼克紫崖燕 (*Hirondelle de la Martinique*)

马提尼克紫崖燕，为雀形目、燕科。其体长 18—22 厘米。雌鸟和雄鸟、幼鸟在外形上有差别：成年雄鸟两翼和尾羽呈暗黑色，其余部位呈蓝黑色，具光泽；雌鸟和幼鸟上体呈淡黑褐色，下体污白，喉部及胸部沾灰色斑纹。其主要栖息在稀树林区，以昆虫为食，常在飞行中进行觅食，鸣叫声听起来像是"啾啾"。分布在北美地区，以及北美和中美洲之间的过渡区域。

2. 波旁岛燕 (*Hirondelle de l'Isle de Bourbon*)

波旁岛燕，是法兰西岛褐燕的一个变种。该鸟喙短且尖，全身羽毛主要呈褐色，但是下体颜色较浅，喉部、胸部及腹部具大量暗色纵斑。其双翅狭长，静止时折叠的翼羽长度超过尾羽；身体敏捷，十分善于飞行。该物种分布主要局限于波旁岛（今留尼汪岛）地区，是当地特有物种，常见其集体活动。该鸟主要以昆虫为食。

1. 美洲燕子 (*Hirondelle, d'Amérique*)

美洲燕子头部、眼睛周围及前颈呈褐色；背部呈蓝色，具金属光泽；翼羽呈黑色；尾羽呈黑色；腹下部位呈白色。该物种的双翼狭而长，加上其体重比较轻，飞行时体态轻盈，十分利于其在空中飞行时急速转弯甚至捕食飞虫等高难度动作。其鸣叫声不大，声音听起来像是"叽叽—叽叽"。该物种主要分布在美洲等其他一些地区。

2. 卡宴蓝燕 (*Hirondelle, de Cayenne*)

卡宴蓝燕羽色彩亮丽，上体皆覆蓝色，具金属光泽；尾部黑色。体型轻巧，羽翼狭长，故十分擅长飞行。蓝燕主要活动在开阔的草原、稀树草原以及森林边缘，以昆虫为食，常在空中飞行时觅食。分散在乌干达、肯尼亚、坦桑尼亚、刚果民主共和国、赞比亚、马拉维、津巴布韦、莫桑比克、斯威士兰及南非。近年来，受栖息环境的破坏，其数量呈下降趋势，在部分地区已被列为濒危物种。

1. 卡宴加勒比崖燕 (*Hirondelle tachetée, de Cayenne*)

卡宴加勒比崖燕，其白色腹部杂有大量斑纹，是加勒比崖燕的一个变种。主要分布在三个区域：墨西哥、伯利兹、危地马拉北部；哥伦比亚南部；大安的列斯群岛和小安的列斯群岛（包括特克斯和凯科斯群岛、开曼群岛、巴巴多斯岛等）。该鸟在弗罗里达、百慕大群岛、巴哈马群岛、秘鲁、圭亚那和苏里南这些国家和地区比较少见。

2. 卡宴加勒比崖燕 (*Hirondelle à ventre blanc, de Cayenne*)

卡宴加勒比崖燕腹部颜色单纯，呈白色。分布区域同卡宴加勒比崖燕。

167

马岛鹟（*Le Grand Gobe-mouche cendré de Madagascar*）

　　马岛鹟，为雀形目、鹟科鸣禽鸟类。马岛鹟，顾名思义，即马达加斯加鹟，是马达加斯加岛当地特有物种。该鸟具锥喙，体型稍大，其羽毛颜色独特。身体上部以及喉部近乎黑色，下体呈灰白色。尾羽比较长，折叠的双翼连尾羽的一半都遮盖不住。该物种主要以飞蝇及其他飞行的昆虫为食，常常在飞行中捕食，经常在森林地区等地带活动。

亚马逊鹦鹉（*Le Perroquet Amazone*）

　　亚马逊鹦鹉，体长34—45厘米；身体颜色以绿色为主，额部有黄色"小帽"；两翼边缘呈黄绿色，翅膀转折处沾有红色。因其美丽、长寿、品种繁多而受养鸟之人喜欢，但它也喜欢啃咬东西，破坏性强。主要活动在低地林区、山区等地域，常成对出现；以植物的种子、果实、花朵甚至嫩芽为食，最爱无花果。主要分布在中南美洲和墨西哥的一些地区。

马提尼克绛腹鹦鹉 （*Perroquet à ventre pourpré, de la Martinique*）

　　马提尼克绛腹鹦鹉羽毛颜色以绿色为主。额部有一小块污白；头顶呈蓝色，具黑色齿状波纹；眼睛下部羽毛稍长，呈蓝色。下腹呈绛红色。尾羽覆羽呈黄色，中间有红色横带。双翼和尾羽最外侧的箭羽呈蓝色。主要栖息在低地林区、山区等地域，喜食植物的果实、花朵、嫩芽以及种子等。该物种分布局限在马提尼克等地区。

马提尼克白顶鹦鹉 （*Perroquet, de la Martinique*）

　　马提尼克白顶鹦鹉头顶及脸颊上部呈白色，故称"白顶鹦鹉"。其身体主要呈绿色，脸颊下部、喉部以及前颈呈红色，肩羽沾小块红色，初级飞羽有一条蓝色带，尾羽中部有一红色横带。其上喙向下弯曲厉害，便于取食；其双趾粗壮有力，利于抓握。主要栖息在低地雨林，常以各类种子、果实等为食。该物种分布在马提尼克等地区。

长尾鹦鹉（*La Perruche*）

　　长尾鹦鹉身体主要呈绿色，双翼末端沾蓝色，尾下覆羽呈黄色。具有红喙、长尾，尤其是中间尾羽极其长。经常在森林地区、红树林区、沼泽区、雨林边缘及棕榈园区活动，以植物的种子、果实、花朵和嫩芽为食。长尾鹦鹉喜欢把巢筑在空心的树干，或者直接在枯木中挖个洞。近年来，受生态环境破坏，大量低地森林被砍伐，该鸟的生存环境受到威胁。

红领绿鹦鹉（*La Perruche à collier*）

　　红领绿鹦鹉体型中等，尾巴较长，体长约43厘米，是一种绿色鹦鹉。雄鸟头部呈辉绿色，偏蓝，身体呈深草绿色，但下体颜色较浅；颈前向颈侧部位环绕有半环形黑色领带，颈后部和两侧有一条粉红色宽带。雌鸟尾羽较雄鸟的短。主要栖息在开阔的森林、草原、农田、乡村等地区，以植物果实和种子为食。由于红领绿鹦鹉常去农田觅食谷物和水果，它在许多地方被当作农业害鸟。

印度鹦鹉（*Perruche variée, des Indes Orientales*）

　　印度鹦鹉头顶呈黑色；枕部、脸颊、前颈及胸部呈红色，沾黑色波状斑纹；尾羽中部有一红色羽带，呈"v"形；颈部、腹部沾些许黄斑；其他部位呈绿色。主要活动在开阔的森林、草原地区、红树林区及果园区，喜欢集体活动。主要以植物的种子、果实、花朵甚至花蜜为食。该物种的分布局限在印度东部等地区。

卡宴大斑啄木鸟（*Pic tacheté, de Cayenne*）

卡宴大斑啄木鸟，为鴷形目、啄木鸟科，属于常见大斑啄木鸟的一个变种。其头顶有红色"小帽"，两侧脸颊各有两道白色。上体主要呈黑色，背部覆羽及尾羽具白色波状纹；下体呈污白色。大斑啄木鸟经常栖息在山地和平原的针叶林，偏好在混交林活动。常单独或成对出现，喜欢攀缘在树干上，用其强劲有力的喙在树皮中觅食害虫，属于常见的益鸟。

1. 穗䳍 (*Le Vitree ou Motteux*)

穗䳍，为雀形目、鸫科。其体型小巧，体长 14—16 厘米。其眉羽呈白色，尾羽黑、白两色，尾端黑色呈倒 T 形。夏季雄鸟上体呈淡灰色，喉呈米色，羽翼和脸呈黑色；秋季，除了黑色羽翼外，雄鸟与雌鸟没有差别。穗䳍经常摇头，不停地展开尾羽。雄鸟叫声如同骨折时的摩擦声。广泛分布在欧亚大陆、加拿大东部及格陵兰，冬季迁徙至非洲。

2. 穗䳍，雌性 (*Sa femelle*)

雌性穗䳍眉羽和尾羽颜色与雄性的一致。夏季雌鸟上体呈淡褐色，下体呈米色，掺有淡棕色，两翼呈深褐色。穗䳍常活动在多岩石的地方，因此又叫"石栖鸟"。其巢筑在岩洞中，或者兔舍里。它们以昆虫、幼虫、蜘蛛、鼻涕虫以及小型软体为食，经常可以看见其在刚翻耕的田地沟里觅食。

雌鸫（*La femelle du Merle*）

　　雌鸫，为雀形目、鸫科。其身体上部主要呈深棕色；喉部、前颈至胸部呈橙棕色，具大量棕色斑点；覆羽呈淡棕色。其喙短健；双趾强健有力。主要活动在各种类型森林、农耕区等区域，有时栖息在树上，有时栖息在地上。常常集体在林间或平地上活动，喜欢在草丛中穿行觅食枯枝落叶层内所隐藏的害虫，是著名的食虫鸟类。鸫鸟在全球范围内分布广泛。

圣多曼格黑颈鸫（*Merle à gorge noire, de St. Domingue*）

圣多曼格黑颈鸫身体上部呈褐色；喉部和前颈呈黑色；腹部呈黄色，具黑色斑纹；初级飞羽和次级飞羽呈灰黑色；尾羽呈褐色，但是两侧箭羽呈黑色。鸫鸟一般活动在森林、荒原及农田等各类环境，其巢一般筑在树上、地上、岩石洞穴甚至是灌木丛中，主要以昆虫为食，是典型的食虫鸟类。黑颈鸫分布局限在圣多曼格等地区。

1. 加拿大斑鸫（*Grive, du Canada*）

加拿大斑鸫，为雀形目、鸫科。其上身羽毛呈褐色；眼睛前部有一小白点；喉部白色，具有大量褐色斑纹；胸部和腹部呈橙色，腹部具白色斑点；臀部呈白色。其生性活跃，常成群活动。主要生活在杂木林、森林边缘地带，也常出现在农田、地边、果园等，特别是疏林灌木丛等区域，以昆虫为食。

2. 卡罗莱纳红斑鸫（*Mauvis, de la Caroline*）

卡罗莱纳红斑鸫，为雀形目、鸫科，属于斑鸫的其中一种。其体型比黄鹂小，其枕部、后颈、翼羽及尾羽呈褐色，其他部位呈红棕色。该鸟主要活动在森林、荒原及农田等各类环境，其巢一般筑在树上、地上、岩石洞穴甚至灌木丛中，主要以昆虫等为食。卡罗莱纳红斑鸫主要分布在欧洲北部等国家和地区。

Martinet.

181

1. 马达加斯加鸫 （*Merle de Madagascar*）

马达加斯加鸫身体上部、喉部及胸部呈棕色，腹部呈白色；双翼外侧箭呈蓝色，内侧箭羽呈浅黑灰色；尾羽呈黑色。其喙短健，鼻孔明显，不为悬羽所掩盖。主要活动在森林、荒原及农田等各类环境中，有时栖息在树上，有时栖息在地上，其巢一般筑在树上、地上、岩石洞穴甚至灌木丛中。主要以昆虫等为食。

2. 马达加斯加非洲裸眼鸫 （*Merle cendré de Madagascar*）

马达加斯加非洲裸眼鸫头顶呈黑色，宛如戴着一顶"黑色帽子"。身体主要呈灰黑色，尾羽呈黑色。其喙短而强劲，鼻孔明显，不为悬羽所掩盖。非洲裸眼乌鸫主要分布在埃塞俄比亚、肯尼亚、索马里和坦桑尼亚等国家。其栖息环境是干燥的热带草原，善于飞行，也善于奔跑，常在草丛中穿行觅食，主要以昆虫等为食。

1. 圣多曼格非洲裸眼鸫 （*Merle cendré, de St. Domingue*）

圣多曼格非洲裸眼鸫身体上部主要呈褐色，头部至背部颜色偏浅；下体呈白色。翼羽上有一块白色，十分明显。该鸟具有长尾，尾下覆羽亦呈白色。非洲裸眼乌鸫主要分布在埃塞俄比亚、肯尼亚、索马里和坦桑尼亚等国家和地区。其栖息环境是干燥的热带草原，善于飞行，也善于奔跑，常在草丛中穿行觅食，主要以昆虫等为食。

2. 卡宴橄榄鸫 （*Merle olive, de Cayenne*）

卡宴橄榄鸫的喙短而尖。上体羽毛呈棕色，下体羽毛呈污白色，尾羽呈球拍状。橄榄鸫分布限于圭亚那的卡宴等地区。该鸟主要活动在森林、荒原及农田等各类环境中，其巢一般筑在树上、地上、岩石洞穴甚至灌木丛中，主要以昆虫等为食。鸫鸟有时栖息在树上，有时栖息在地上，它们十分善于飞行，也很善于奔跑。

Martinet.

1. 美洲裸眼鸫 (*Merle cendré, d'Amérique*)

　　美洲裸眼鸫身体颜色主要呈青灰色；尾羽和翼羽呈黑色，其中翼羽羽毛边缘镶有白色；喉部颜色偏浅。其喙短健，鼻孔明显。鸫鸟一般活动在森林、荒原及农田等各类环境中，经常栖息在树上，也偏爱到平地上活动。其巢一般筑在树上、地上、岩石洞穴甚至灌木丛中，主要以昆虫为食，是典型的食虫鸟类。该物种分布局限在美洲等地区。

2. 卡宴黑喉鸫 (*Merle à cravate, de Cayenne*)

　　卡宴黑喉鸫身体主要呈棕色；脸颊、喉部及至胸部呈黑色，状如"领带"，且"领带"周围被白色环绕；次级飞羽和三级飞羽呈黑色，镶淡棕色边，且三级飞羽沾有白色波状斑纹。鸫鸟一般活动在森林、荒原以及农田等各类环境中，其巢一般筑在树上、地上、甚至是灌木丛中，主要以昆虫为食。该物种分布局限在圭亚那的卡宴等地区。

Martinet.

安哥拉绿鸫（*Merle vert, d'Angola*）

安哥拉绿鸫体长约24厘米，翼展约32厘米，喙长约2.5厘米。上身，从头顶、后颈至翼羽和尾羽覆羽，皆呈橄榄绿色，故得其名；翅膀上具暗色斑纹；尾部呈蓝色；背部和前颈沾有蓝绿色；喉部上方有一小块儿纯蓝色区；胸部、腹部、腿部及耳羽呈紫色；翼下覆羽呈淡橄榄色；喙和趾呈黑色。该物种分布局限在安哥拉等区域。

白背矶鸫（*Le Merle de Roche*）

与常见的乌鸫相比，白背矶鸫体型小得多。其头部和颈部呈灰黑色，有浅色斑点，背部有一块羽毛呈白色，双翼偏褐色，尾羽呈栗色。主要分布在欧洲、北非、俄罗斯和中国的部分地区，冬季迁徙至苏南和坦桑尼亚。白背矶鸫的名字来源于其生活习性，因为其常栖息于脱出岩石和石堆上，故称"矶鸫"。

1. 好望角凤头鸫 (*Merle huppé, du Cap de bonne Espérance*)

好望角凤头鸫，外形独特，头顶部黑色羽毛较长，状如"凤冠"。其背部、翼羽和腹部呈棕色，具大量齿状波纹；下喙基部和眼睛周围呈黑色；喉部及至胸部呈红棕色；尾部呈白色，尾羽呈棕色，尾羽尖端边缘呈白色。主要活动在森林、荒原及农田等各类环境中，主要以昆虫等为食。凤头鸫分布局限在好望角等地区。

2. 塞内加尔褐鸫 (*Merle brun, du Sénégal*)

塞内加尔褐鸫身体主要呈褐色，翼羽和尾羽颜色较深，腹部颜色偏白。生活习性同普通鸫鸟。褐鸫分布局限在塞内加尔等地区。

Martinet.

1. 印度橄榄鸫 (*Merle Olive, des grandes Indes*)

印度橄榄鸫体长约 22 厘米，上体呈橄榄绿色，颜色较深；飞羽和尾羽呈褐色，边缘沾有浅绿色；下体呈浅黄绿色；鸟喙与鸟足均呈黑色。该物种只限于印度，其颜色与其他橄榄鸫物种有所差别。主要栖息在森林、公园和花园，以昆虫、果实和无脊椎小动物为食。其分布主要集中在印度。

2. 马尼拉孤鸫 (*Merle Solitaire, de Manille*)

马尼拉孤鸫体型与白背矶鸫相似，体长约 22 厘米，翼展 32—35 厘米，尾羽约 8 厘米，喙长约 2.7 厘米。其头部、颈部后脸及背部呈深青灰色；尾部呈青灰色；喉部、颈部前脸、胸脯上部有橙色斑纹；覆羽颜色较深；身体下部呈橘黄色，有灰白斑纹；黑喙，黑足。雌性羽毛没有青灰色和橙黄色。孤鸫叫声悦耳，宛如笛声，略微哀伤。马尼拉孤鸫主要分布在菲律宾。

Martinet.

2.

1.

1. 鹟 (*Le Gobe-mouche*)

鹟，为雀形目、鹟科，是旧大陆鸣禽鹟科的总称。其体型偏小，喙宽且长，双翼狭长，尾短，足小。一般在空中飞行时捕食飞虫，故此而得"Gobe-mouche"（吞食苍蝇）之名；也因此，观察它们的生活习惯十分有趣。其身影几乎遍布世界各地，广泛分布在非洲、亚洲和大洋洲。在欧洲，只有四种鹟，分别是：斑鹟、斑颈鹟、白领姬鹟、红喉姬鹟。

2. 洛林斑姬鹟 (*Le Gobe-mouche Noir de Lorraine*)

洛林斑姬鹟体长约 13 厘米，翼展 21—24 厘米，体重 9—15 克。在繁殖期，雌、雄斑姬鹟外表有所区别。繁殖期的雄鸟头顶及背部呈黑色，换羽期过后呈灰褐色，与腹部白色形成鲜明对比，像穿着一身"燕尾服"。没有颈带，喙部上方有两个小白斑，羽翼上也有一块白色，以此区别。分布在欧亚大陆和非洲北部。

3. 洛林斑姬鹟，雌性 (*Sa femelle*)

雌斑姬鹟及幼鸟同非繁殖期的雄性斑姬鹟一样，背部呈灰色，羽翼上白色更少。虽然雄性斑姬鹟在繁殖期穿上了"燕尾服"，但是雌性斑姬鹟并不会根据雄性外表择偶，而是根据雄性到达繁殖地的时间先后顺序选择。越早到达繁殖地的雄性越容易得到雌鸟的青睐。

195

1. 美洲鹟，雄性（*Gobe-mouche, d'Amérique*）

美洲鹟雄鸟体型偏小，身体主要呈黑色，次级飞羽和肋部呈橙色，腹部呈白色；其尾羽呈橙色和黑色，黑色呈倒 T 形。该物种主要分布在美洲等地区，不同地区的物种在体型上存在差异。鹟鸟常栖息在各种森林等地带，善于鸣叫，飞行灵便，常在空中捕食飞行类昆虫，属于益鸟。

2. 美洲鹟，雌性（*Sa femelle*）

美洲雌鸟身体偏小，身体上部主要呈黑绿色，头部、喉部及整个身体下部呈白色。翼羽呈黑色，沾有黄色。其尾羽呈黄色和黑色，黑色呈倒 T 形。该物种主要分布在美洲等地区，不同地区的物种在体型上存在差异。鹟鸟常栖息在各种森林等地带，善于鸣叫，飞行灵便，常在空中捕食飞行类昆虫，属于益鸟。

3. 卡宴白腹鹟（*Gobe-mouche à ventre blanc, de Cayenne*）

白腹鹟的喙短而尖。其头顶以及整个身体下部呈白色；剩下部位主要呈黑色，某些区域沾有白色。尾羽呈黑色。该物种主要分布在圭亚那的卡宴等地区，不同地区的物种在体型上存在差异。鹟鸟常栖息在各种森林等地带，善于鸣叫，飞行灵便，常在空中捕食飞行的昆虫，属于益鸟。

Marlinet

1. 塞内加尔棕胸姬鹟 （*Gobe-mouche à poitrine rousse du Sénégal*）

塞内加尔棕胸姬鹟，为雀形目、鹟科、姬鹟属，此属鸟类一般体型偏小，体长 11—14 厘米。顾名思义，棕胸姬鹟胸部呈棕色。从全球来看，棕胸姬鹟分布区域还包括太平洋诸岛屿及华莱士区，它被世界自然保护联盟认定为近危物种，将来有濒危或灭绝风险。该物种主要分布在塞内加尔等世界上的其他国家和地区。

2. 塞内加尔黑胸姬鹟 （*Gobe-mouche à poitrine noire du Sénégal*）

顾名思义，黑胸姬鹟胸部呈黑色。该物种主要分布在塞内加尔等世界上的其他国家和地区。

3. 塞内加尔棕喉姬鹟 （*Gobe-mouche à gorge rousse du Sénégal*）

顾名思义，棕喉姬鹟喉部呈棕色。从全球来看，棕喉姬鹟分布区域华莱士区，它被世界自然保护联盟认定为近危物种，将来有濒危或灭绝风险。该物种主要分布在塞内加尔等世界上的其他国家和地区。

1. 马提尼克凤头鹟（*Gobe-mouche huppé, de la Martinique*）

马提尼克凤头鹟体型小巧，头顶羽毛较长、松软，状如"凤冠"。鸟喙基部有黑色的悬羽。身体上部羽毛主要呈棕色，下体呈白色。翅膀尖且长，各级飞羽镶白边，整体看起来十分有层次感。尾羽相对较短。鹟鸟常栖息在各种森林等地带，善于鸣叫，飞行灵便，常在空中捕食昆虫，属于益鸟。凤头鹟分布在马提尼克等地区，且不同地区的凤头鹟在外形上存在差异。

2. 马提尼克褐鹟（*Gobe-mouche brun, de la Martinique*）

马提尼克褐鹟，喙短而扁平，呈黑色，基部有黑色悬羽覆盖鼻孔。身体上部羽毛主要呈红色，下部呈污白色，沾淡棕色，布满暗斑。尾羽相对较短。鹟鸟常栖息在各种森林等地带，善于鸣叫，飞行灵便，常在空中捕食昆虫，属于益鸟。褐鹟分布在马提尼克等地区，且不同地区的褐鹟在外形上存在差异。

1. 弗吉尼亚凤头鹟 (*Gobe-mouche Huppé de Virginie*)

弗吉尼亚凤头鹟，其头部、后颈及至背部呈暗绿色，头顶羽毛较长，形成"凤冠"。翼羽和尾羽呈棕色。喉部、前颈和胸部呈白色。腹部呈黄色。喙短而平，呈黑色，基部具有硬直的悬羽。鹟鸟常栖息在各种森林等地带，善于鸣叫，飞行灵便，常在空中捕食昆虫，属于益鸟。凤头鹟分布在弗吉尼亚等地区，且不同地区的凤头鹟在外形上存在差异。

2. 卡宴黄腹鹟 (*Gobe-mouche à ventre jaune de Cayenne*)

卡宴黄腹鹟，黑喙，宽而短平。其头顶呈黑色，周围有一圈白色，呈"马蹄铁"状。眼睛下部脸颊呈黑色。喉部呈白色。背部、翼羽及尾羽呈棕色，前颈及腹部呈黄色。鹟鸟常栖息在各种森林等地带，善于鸣叫；翅膀狭长，飞行灵便，常在空中捕食昆虫，属于益鸟。该物种分布在法属圭亚那的卡宴等地区。

Martinet.

南圻黄鹂（*Le Couliavan, de la Cochinchine*）

南圻黄鹂，为雀形目、黄鹂科。该鸟比常见的普通黄鹂体型稍大，喙长且厚。其额部呈黄色；头顶及眼睛周围呈黑色；初级飞羽、次级飞羽和尾羽覆羽呈黑色；其他部位橙黄色。黄鹂主要生活在阔叶林中，经常栖息在平原或者低山的森林区，有时还会落到村落附近的高大乔木上。主要以昆虫为食，也会食一些植物果实。该鸟除了分布在南圻（越南南部地区），在印度部分地区也十分常见。

圭亚那小巨嘴鸟（*Toucan à collier, de Cayenne*）

　　圭亚那小巨嘴鸟，为䴕形目、巨嘴鸟科、小巨嘴鸟属。其喙显得格外大，黑色为羽毛主色，颈部具亮栗棕带，尾部覆羽呈红色；眼睛周围具蓝绿色裸皮和黄色羽耳；其鸣叫起来与蛙声相似。主要分布在南美洲的圭亚那等国家和地区，常栖于低地雨林中，或者有稀疏树木的空旷地。该物种属于杂食性动物，主要以植物种子和果实、昆虫等为食。

1. 卡宴小霸鹟（*Le petit Tyran, de Cayenne*）

卡宴小霸鹟，为雀形目、霸鹟科。其体型较小，上体呈棕色，下体呈污白色。霸鹟经常的栖息地多为森林和草地，主要生活在热带低地、山区的常绿森林、棕榈森林、白沙林、次森林边缘以及半潮湿或潮湿的山区灌木丛。霸鹟主要以昆虫为食。其分布遍布南美洲，包括哥伦比亚、委内瑞拉、圭亚那、苏里南、厄瓜多尔、秘鲁、玻利维亚等国家和地区。

2. 卡宴叉尾霸鹟（*Le Tyran à queue fourchue, de Cayenne*）

卡宴叉尾霸鹟，其头部呈黑色，喉部和颈部呈白色，背部呈青灰色，翼羽呈棕色。叉尾霸鹟尾羽特殊，呈黑色，极长，状如"燕尾"。霸鹟喜欢的栖息地多为森林和草地，主要包括热带低地、山区的常绿森林、棕榈森林、白沙林、次森林边缘以及半潮湿或潮湿的山区灌木丛。霸鹟主要以昆虫为食。其分布遍布南美洲，包括哥伦比亚、委内瑞拉、圭亚那、苏里南、厄瓜多尔、秘鲁、玻利维亚等国家和地区。

martinet.

1. 好望角白喉鹟 （*Gobe-mouche, du Cap de bonne Espérence*）

　　好望角白喉鹟，其头顶及眼睛周围呈黑色；背部和翼羽呈褐色；尾羽呈黑色，末端镶白边；喉部呈白色；胸部呈黑色；覆羽呈白色。鹟鸟常栖息在各种森林等地带，善于鸣叫，飞行灵便，常在空中捕食昆虫，属于益鸟。鹟在全球分布范围广泛，其中白喉鹟分布在好望角等地区。

2. 好望角白颈鹟 （*Gobe-mouche à collier, du Cap de bonne Espérence*）

　　好望角白颈鹟，其头部至枕部、喉部以及前颈呈黑色；后颈呈白色；背部、翼羽和尾羽呈黑色，背部沾白色；胸部呈棕色；腹部呈白色。鹟鸟常栖息在各种森林等地带，善于鸣叫，飞行灵便，常在空中捕食昆虫，属于益鸟。鹟在全球分布范围广泛，其中白颈鹟分布在好望角等地区。

3. 波旁岛黑鹟 （*Gobe-mouche, de l'Isle de Bourbon*）

　　波旁岛黑鹟，其身披黑色，腹下尾部呈淡棕色。鹟鸟常栖息在各种森林等地带，善于鸣叫，飞行灵便，常在空中捕食昆虫，属于益鸟。鹟在全球分布范围广泛，其中黑鹟分布在波旁岛等地区。

Martinet.

1.

2.

3.

209

1. 波旁岛凤头鹟 (*Gobe-mouche huppé, de l'Isle de Bourbon*)

　　波旁岛凤头鹟，其整个头部和喉部呈青灰色，顶部羽毛稍长。背部、翼羽和尾羽呈红色，初级飞羽呈褐色；其他部位呈白色。鹟鸟常栖息在各种森林等地带，善于鸣叫，飞行灵便，常在空中捕食昆虫，属于益鸟。凤头鹟分布在波旁岛等地区，且不同地区的凤头鹟在外形上存在差异。

2. 塞内加尔凤头鹟 (*Gobe-mouche huppé, du Sénégal*)

　　塞内加尔凤头鹟，其整个头部、喉部及前颈呈青灰色，顶部羽毛稍长。枕部以下、背部、翼羽和尾羽呈红色，尾羽较长；其他部位呈白色。鹟鸟常栖息在各种森林等地带，善于鸣叫，飞行灵便，常在空中捕食昆虫，属于益鸟。凤头鹟分布在塞内加尔等地区，且不同地区的凤头鹟在外形上存在差异。

1. 卡宴褐鹟（*Gobe-mouche brun, de Cayenne*）

卡宴褐鹟，喙短，宽而扁平。其身体主要呈褐色，眼睛下方有一小块橙黄色；下体呈污白色，腹部沾淡橙黄色。鹟鸟常栖息在各种森林等地带，善于鸣叫，飞行灵便，常在空中捕食昆虫，属于典型的食虫鸟类。鹟在全球分布范围广泛，其中褐鹟分布在法属圭亚那的卡宴等地区。

2. 卡宴橄榄鹟 （*Gobe-mouche Olive, de Cayenne*）

卡宴橄榄鹟，喙短，宽而扁平。披一身橄榄绿色，翼羽和尾羽沾黑色，下体颜色偏浅。其喙短且尖，基部有硬直的短羽毛。鹟鸟常栖息在各种森林等地带，善于鸣叫，飞行灵便，常在空中捕食昆虫，属于典型的食虫鸟类。橄榄鹟分布在法属圭亚那的卡宴等地区。

3. 卡宴斑胸鹟 （*Gobe-mouche à poitrine tachetée, de Cayenne*）

卡宴斑胸鹟，喙短，宽而扁平。头顶羽毛呈橙色，宛若"橙色小帽"。上体呈棕色；下体呈浅棕色，沾大量棕色斑纹。二级飞羽和三级飞羽末梢镶有单色带。其喙短且尖，基部有硬直的短羽毛。鹟鸟常栖息在各种森林等地带，善于鸣叫，飞行灵便，常在空中捕食昆虫，属于益鸟。斑胸鹟分布在法属圭亚那的卡宴等地区。

213

1. 马达加斯加橄榄太阳鸟 (*Grimpereau Olive, de Madagascar*)

马达加斯加橄榄太阳鸟，为雀形目、太阳鸟科。该鸟身体上部呈淡橄榄绿色，体型纤细，最大伸长不超过 15 厘米；体重很轻，5—6 克。它们具有细长、纤细而且弯曲的喙和管状的长舌，和蜂鸟一样以吸食花蜜为生，也因此它们常在花丛中飞来飞去。当它们悬停空中，轻轻地讲喙伸进花蕊吸食花蜜时，其动作和蜂鸟一模一样。太阳鸟一般生活在欧洲、亚洲及澳大利亚的一些热带和亚热带区域。

2. 马达加斯加绿太阳鸟 (*Grimpereau vert, de Madagascar*)

该物种雄性的腹部呈淡灰绿色，其他部位呈绿色。

3. 马达加斯加绿太阳鸟，雌鸟 (*Sa femelle*)

该物种雌性腹部呈灰黑色，其他部位呈绿色。因此可以根据腹部颜色，判断此物种的生物性别。

1. 菲律宾太阳鸟 （*Grimpereau des Philippines*）

菲律宾太阳鸟，身体上部呈栗色。

2. 菲律宾灰太阳鸟 （*Grimpereau gris, des Philippinea*）

菲律宾灰太阳鸟，身体上部呈浅褐色，下体呈淡黄色；翼羽主要呈褐色，尾羽呈灰色。

3. 菲律宾小太阳鸟 （*Petit Grimpereau, des Philippines*）

菲律宾小太阳鸟上体呈褐色，下体呈黄色。

4. 菲律宾橄榄太阳鸟 （*Grimpereau olive, des Philippinea*）

菲律宾橄榄太阳鸟，上体呈橄榄绿，喉部及胸部呈绛色，腹部呈黄色。

Martinet.

1. 巴西绿旋蜜雀 (*Grimpereau Vert, du Brésil*)

　　旋蜜雀，体型小巧，鸟喙细长而下弯，舌刷状，喜欢取食蜂蜜，因此又被成为"糖鸟"。旋蜜雀分为很多种，不同种类在羽色方面会有所差异，但是它们都色彩艳丽。巴西绿旋蜜雀头部及眼睛周围呈蓝色，肩羽有一块蓝色，其他部位呈绿色。旋蜜雀主要生活在热带森林，其广泛分布在中美洲和南美洲的很多国家和地区。

2. 巴西黑顶旋蜜雀 (*Grimpereau à tête noire, du Brésil*)

　　巴西黑顶旋蜜雀头部、眼睛周围至枕部下方呈黑色，其他部位呈绿色。

3. 巴西褐旋蜜雀 (*Grimpereau brun, du Brésil*)

　　巴西褐旋蜜雀的鸟喙基部呈绿色，前颈呈红色，其他部位呈褐色。

1. 莺 （*La Fauvette*）

莺，为雀形目、莺科。该物种一般体型小巧，羽毛主要呈浅褐色或淡褐色，下体颜色较轻，翼长，尾宽，喙细长，呈倒圆锥状。其鸣叫声尖细、圆润、清晰，十分动听。因为莺科很多种类外形相似，生物学家和自然学家常根据其鸣叫声进行区分。其主要分布在旧大陆，有些亚种分布在美洲。莺生活在各种各样环境中，以昆虫为食，被视为"益鸟"。

2. 小莺 （*La petite Fauvette*）

小莺，体型较小，上体羽毛主要呈褐色，羽翼沾浅红棕色；身体下部颜色偏浅，成污白色，沾淡红棕色。其鸣叫声圆润，动人，悦耳。主要生活在各种林区，沼泽地以及灌木丛等多种环境中，以昆虫为食。莺的范围分布广泛，绝大部分的莺分布在旧大陆地区，只有少数品种的莺分布在美洲地区。

3. 灰林莺 （*La Fauvette grise ou la Grisette*）

灰林莺，俗称"灰白喉林莺"。其上体呈栗色，下体呈浅灰色；次级覆羽边缘呈栗色。雄鸟具灰头、白喉。雌鸟头部没有灰色，喉部颜色暗淡。其鸣叫短促，声尖，连鸣两声，中间有短暂间歇，第二声比第一声长。该物种广泛分布于欧洲及东亚，属于候鸟，冬季迁徙至非洲热带地区、阿拉伯半岛和巴基斯坦。主要栖息于森林、农场。

Martinet.

1. 黑顶林莺 (*Fauvette à tête noire*)

黑顶林莺，为雀形目、莺科、林莺属。其体长约14厘米。上体呈淡褐色，下体及面部呈灰色。雄鸟头顶呈黑色，因此被称为"黑顶"林莺。其生性谨慎，人们常根据其圆润叫声才能发现它。主要分布在马格里布滨海地带，欧洲（除了斯堪的纳维亚北部）、土耳其、高加索、俄罗斯西伯利亚东部。主要活动在阔叶林、灌木丛、篱笆、花园、公园等。

2. 黑顶林莺，雌性 (*Sa femelle*)

与雄鸟不同的是，雌鸟及幼鸟头顶呈红褐色。通常，雄鸟会筑多个巢，雌鸟最后选择其中一个。繁殖期，雌鸟一次下4—5颗蛋。雄雌黑顶林莺轮流孵化，大概11天到半个月。孵化后，亲鸟会一直哺育幼鸟直到其离巢。黑顶林莺不全属于候鸟，只有一部分会在冬季迁徙，另一部分属于留鸟。

3. 白喉林莺 (*La Fauvette babillarde*)

白喉林莺，体型偏小，体长12—14厘米，翼展约19厘米，体重10—16克。成年白喉林莺上体呈橄榄灰，下体微白，白喉，灰头，雄鸟颜色更加鲜艳。幼鸟上体呈暗褐色，下体浅褐色。该鸟生性机警，喜欢隐蔽区域，栖息于灌木丛、公园、花园及森林边缘，以昆虫为食，秋季会食浆果、果实。广泛分布在欧洲大陆（西班牙和爱尔兰除外），东至中国。

Martinet.

223

1. 棕莺（*La Fauvette rousse*）

棕莺体型纤细瘦小，嘴细小。其身体主要呈棕色，腹部颜色偏浅，尾羽颜色偏褐。主要栖息在林区、灌木丛、沼泽地及水边植物丛等多种环境中，以昆虫为食，常在飞行中捕食。其鸣叫声尖细，且十分悦耳。绝大部分的莺分布在旧大陆地区，只有少数品种的莺分布在美洲地区。

2. 苇莺（*La Fauvette des roseaux*）

苇莺，体长约14厘米。和黄莺一样，苇莺一般在春季炎热的夜晚鸣叫。它们喜欢在芦苇中、灌木丛中、沼泽中间及水边低矮的灌木中筑巢。夏天时，苇莺会从自己的巢穴飞出，在飞行中捕食那些在水面上飞行的昆虫。苇莺有一个奇怪的特点，就是当我们用手去触摸幼鸟（哪怕没有长毛），甚至靠近它们，它们会慢慢移动离开巢穴，表示不让接近或者触碰它们。

3. 斑莺（*La Fauvette tachetée*）

斑莺，体长约14厘米。通常情况下，莺的全身体羽颜色比较统一，也很单一，但是该鸟在胸部有些许黑色斑纹。其他身体部位主要呈褐色，颜色深浅不一。斑莺喜欢在草原上筑巢，一般将巢筑在脚印里，或是长得茂盛的植物上，当人类走近它们的时候，它们会悄悄地待着一动不动。该鸟在意大利十分常见，在法国南部省份也有其身影出现。

Martinet.

225

1. 塞内加尔莺 （*Figuier, du Sénégal*）

塞内加尔莺，喙短且尖，略向下弯。其身体上部主要呈褐色，翼羽颜色偏深；腹下呈淡橙色。尾羽比较短。该物种主要分布在塞内加尔等地，栖息在林区树上，偏爱无花果树，因为该鸟喜食无花果。该物种和常见的莺同属于一个生物属，而且其名字只是一个统称，主要包含了很多种以无花果为食的燕雀类鸟，且这种鸟品类多，常在外形上存在较大差异。

2. 塞内加尔斑莺 （*Figuier tacheté, du Sénégal*）

塞内加尔斑莺，喙短且尖，略向下弯。其身体上部主要呈褐色，头顶、后颈及翼羽上具有大量黑色斑纹；腹下呈浅褐色，偏白。

3. 塞内加尔黄腹莺 （*Figuier à ventre jaune, du Sénégal*）

塞内加尔黄腹莺，喙短且尖，略向下弯。其身体腹部颜色鲜艳，呈黄色，尾羽亦呈黄色；身体上部颜色跟下体一样，但是偏暗；翼羽偏褐色。

1. 2. 3.

Martinet

1. 塞内加尔穗鹛 (*Traquet, du Sénégal*)

穗鹛，为雀形目、鸦科。该物种具有黑色短喙，黑色双趾。上体、头部及颈部呈褐色，具大量深褐色斑纹；两翼亦呈深褐色，具白斑。下体呈白色，沾微黄色；胸部偏红褐色。尾羽颜色偏暗，边缘沾苍白色。常常可以看见其在耕田区的土块上活动，嬉戏，觅取食物，偏爱吃昆虫。该物种分布局限于塞内加尔某些地区。

2. 塞内加尔白尾 (*Cul-blanc, du Sénégal*)

塞内加尔白尾，属于穗鹛的一个变种，其主要区别在于白尾臀部有一块白色羽毛区，也因此而得其名。上体、头部及颈部呈褐色；两翼呈深褐色，具褐色条纹。下体呈白色，沾微黄色；胸部偏红褐色。尾羽颜色偏暗，沾有白色，飞行时十分明显。其生活习性和穗鹛相似。而且该物种分布同样也只局限在塞内加尔某些地区。

Martinet.

1. 塞内加尔褐莺 （*Figuier brun, du Sénégal*）

塞内加尔褐莺，喙短且尖，尾羽长。其身体上部主要呈褐色；腹下呈淡棕色，偏白。该物种主要分布在塞内加尔等地，栖息在林区树上，偏爱无花果树，因为该鸟喜食无花果。

2. 塞内加尔栗莺 （*Figuier blond, du Sénégal*）

塞内加尔栗莺，喙短且尖。其身体上部主要呈栗色；腹下呈淡棕色，偏白。

3. 塞内加尔灰腹莺 （*Figuier à ventre gris du Sénégal*）

塞内加尔灰腹莺，喙短且尖。其身体上部主要呈褐色，翼羽颜色偏深；腹部及尾羽下面呈灰色。

Martinet.

231

1. 略。

2. 圣多曼格阔嘴短尾鸱 *(Le Todier de St. Domingue)*

圣多曼格阔嘴短尾鸱，为佛法僧目、短尾鸱科。短尾鸱属于小型鸟类，体长 10—12 厘米，与翠鸟相似。喙细长而尖，扁且宽大，喉部红色十分显眼。背部羽毛呈绿色，具有光泽；翼羽沾有黑色。短尾鸱喜欢栖息在山地森林的低枝上，像鹟鸟那样不是飞虫。圣多曼格阔嘴短尾鸱属于海地岛（即伊斯帕尼奥拉岛）上特有物种，主要栖息在海拔不高的干燥区域。

3. 卡宴短尾鸱 *(Todier de Cayenne)*

卡宴短尾鸱，为佛法僧目、短尾鸱科。短尾鸱是佛法僧目中体型最小的鸟类，其体长 10—12 厘米，与翠鸟相似。短尾鸱的喙细长而尖，扁且宽大。卡宴短尾鸱身披黑色，翼羽沾黄色；喉部、胸部乃至整个腹部均呈黄色。短尾鸱一般喜欢栖息在山地森林的低枝上，像鹟鸟那样不是飞虫。卡宴短尾鸱主要分布在圭亚那的一些地区，属于当地特有物种。

孟买花斑杜鹃（*Coucou tacheté, de Bengale*）

　　孟买花斑杜鹃，为鹃形目、杜鹃科。该鸟外形独特，引人注目。其身披浅褐色，但是浑身布满大大小小的褐色斑纹。其中头部的斑纹呈密密麻麻状，身体上部和下部呈锯齿状，尾部的斑纹则呈倒 V 状。此种花斑杜鹃主要分布在印度的一些地区和其他的一下地方。杜鹃喜欢栖息在植被稠密的地方，常常只能闻其声而不见其身。它主要以昆虫为食，属于益鸟。

马达加斯加大杜鹃，雄性 （*Le grand Coucou mâle, de Madagascar*）

　　马达加斯加大杜鹃，具直且长的喙。雄性体长约 41 厘米，翼展约 68 厘米。其头顶近乎黑色，具铜绿光泽；喙基部与眼睛之间有一条黑线；头部剩下部位，喉部及颈部呈浅白色；胸部及身体下部呈漂亮的灰白色；上体直至尾尖呈绿色，沾黑色。喙呈深褐色，趾近红色。该鸟分布局限在马达加斯加，也有可能也分布在非洲其他岛屿。

马达加斯加大杜鹃，雌性 (*Femelle du grand Coucou, de Madagascar*)

马达加斯加大杜鹃，雌鸟体型比雄鸟大，体长约 46 厘米，翼展约 79 厘米。头部、喉部和颈部下方具褐色及棕色齿状斑纹；背部、尾部及尾羽覆羽呈褐色。羽翼覆羽上的小羽毛呈褐色，末端呈棕色；大羽毛呈暗绿色，镶棕色边。颈部前方以及下体其他部位呈浅棕色，沾淡黑色。尾部箭羽呈鲜亮褐色，梢端沾棕色。雌鸟的喙、趾与雄鸟的一样。

凤头马岛鹃（*Coucou huppé, de Madagascar*）

　　凤头马岛鹃，顾名思义，即马达加斯加凤头杜鹃，是当地特有的鸟类。其体型中等，体长约44厘米。冠羽呈绿灰色，羽翼和尾翼呈紫蓝色，尾翼长而尖；胸部呈红褐色，腹部呈白色。主要栖息在安皮觉罗亚干燥的森林和草原里，常落在高处的树枝上梳理羽毛、"荡秋千"或晒太阳。主要以昆虫和植物的种子及果实为食。

好望角翠鸟 (*Martin-pêcheur, du Cap de Bonne-Espérence*)

　　好望角翠鸟，为佛法僧目、翠鸟科。其喙宽厚，且极长，呈橙色。其身体上部呈淡蓝色，背部覆羽沾绿色；下体主要呈淡淡的橙色。该物种主要分布在好望角一带等其他地区。翠鸟一般喜欢栖息在近水边的树枝上或岩石上，伺机捕食，食物以小鱼为主，同时也会吃一些水生昆虫、小型蛙类甚至是少量水生植物。翠鸟都具有极佳的视力，捕食时几乎是百发百中，是动物界的猎鱼高手。

圣多曼格凤头翠鸟（*Martin-pêcheur huppé, de St. Domingue*）

　　圣多曼格凤头翠鸟，喙宽大且长，体型中等，体长约 27 厘米。头后部羽毛较长，耸立时形成羽冠，故称"凤头翠鸟"。身体上部、两翼覆羽、尾羽覆羽呈浅蓝色；喉部、颈部上方呈白色。身体下部除了颈部下方及胸部上面呈浅蓝色，其余部分皆呈白色。腿部羽毛一直覆盖至关节处。该鸟主要以鱼和蜥蜴为食。其分布局限于圣多曼格。

1. 卡宴白绿翠鸟 （*Martin-pêcheur vert et blanc, de Cayenne*）

　　白绿翠鸟分布在法属圭亚那的卡宴地区。其体型比卡宴棕绿翠鸟小，体长约19厘米，但是其尾羽较长。身体上部呈绿色，具有光泽；羽翼具少许白色线条。眼睛下部至颈部后方有一块白色，状如"马蹄铁"。腹部及胃部呈白色，沾少量绿色斑纹。雄鸟具有区别性特征：颈部前方及胸脯呈亮丽的棕色。翠鸟一般喜欢栖息在水边的树上。

2. 卡宴白绿翠鸟，雌性 （*Sa femelle*）

　　与雄鸟相比，雌鸟颈前和胸部没有棕色区域，且雌鸟喉部呈白色。其他方面，雌鸟与雄鸟没有差别。因此，可以根据胸部和喉部羽色判断卡宴白绿翠鸟的生物性别。

1.

2.

mirliner

241

1. 卡宴棕绿翠鸟 (*Martin-pêcheur vert et roux, de Cayenne*)

棕绿翠鸟分布在法属圭亚那的卡宴地区。与常见翠鸟相比，其身体略微显小。该鸟身体下部均呈深棕色；身体上部呈暗绿色，具少量淡白色斑纹。喙呈黑色，长约 5.5 厘米；鼻孔到眼睛之间有一条棕线。尾羽长度接近 7 厘米，使其看起来很长。雄鸟具有区别性特征：其胸部有一块儿白色区域，沾黑色波状纹。翠鸟主要栖息在树枝上，以小鱼为食。

2. 卡宴棕绿翠鸟，雌鸟 (*Sa femelle*)

与雄鸟相比，雌鸟身体下部颜色单纯，全呈深棕色，胸部没有白色及黑色波状纹。其他方面，雌鸟与雄鸟没有差别。因此，可以根据胸部羽色判断卡宴棕绿翠鸟的生物性别。

Martinet.

塞内加尔翡翠 (*Martin-pêcheur à tête grise, du Sénégal*)

　　塞内加尔翡翠，亦称"林区翡翠"，为佛法僧目、翠鸟科、翡翠属。其体型中等，体长约20厘米。头部和颈部呈灰蓝色，尾羽呈蓝色，灰喉，上喙呈红色，下喙呈黑色。通常活动在茂密森林、近水的河岸、热带草原林地边缘等区域。有阳光照射时，其待在林间树枝，不思行动；但是在天气潮湿或者天气转阴时，它们则立刻活跃起来。主要分布在非洲中南部国家和地区。

大斑啄木鸟，雌性（*L'Epeiche femelle*）

　　大斑啄木鸟，亦称"啄木冠"，为鴷形目、啄木鸟科。其体长 20—25 厘米，背部呈黑色，尾下覆羽呈红色，两翼有白斑，下体污白。大斑啄木鸟雌、雄两性差异在于，雄鸟枕部呈猩红色，而雌鸟头部、枕部至后颈呈黑色，带蓝色光泽。主要活动在山地、针叶林、阔叶林、农田甚至灌木丛。喜好攀缘树干，常啄木觅食昆虫，被誉为"树林医生"。

黑啄木鸟，雄性（*Le pic noir mâle*）

黑啄木鸟是啄木鸟中最大的一种，其体长可达 51 厘米。其通体黑色，但是雄鸟额部、头顶和枕部呈红色，而雌鸟只有颈后呈红色。广泛分布于欧亚大陆地区，栖息于各种林区。主要在树干或枯枝中觅食，敲击树干时，发出响亮的咣咣声。根据欧盟鸟类保护条令，禁止任何捕捉、杀害，偷盗、贩卖黑啄木鸟行为，禁止偷鸟掏蛋。

牙买加啄木鸟，雌性（*Pic varié Femelle, de la Jamaïque*）

　　牙买加啄木鸟，为鴷形目、啄木鸟科、食果啄木鸟属。其嘴尖而长，头顶至枕部呈血红色；颈部污白，具浅褐色斑纹；覆羽黑色，具花白斑纹。通常情况下，啄木鸟以昆虫为食，但是牙买加啄木鸟却以水果和浆果为食。其分布主要集中在中美洲，包括尼加拉瓜、哥斯达黎加、牙买加、格林纳达、洪都拉斯、安提瓜、特立尼达与多巴哥等国家和地区。

1. 小斑啄木鸟 （*Le petit Pic varié*）

小斑啄木鸟，体型小，体长约15厘米。雄鸟前额近白，具红色羽冠，枕部呈黑色，脸颊带黑斑。其上体披黑色，沾有成排白色横斑；下体呈白色，沾黑色纵纹。其鸣叫声尖而细，敲击树干声音与大斑啄木鸟相比，显得慢且弱。小斑啄木鸟在飞行时，起伏幅度大，常栖息在落叶林、混交林和果园等。主要分布在欧洲、北非、小亚细亚至蒙古、西伯利亚和朝鲜。

2. 小斑啄木鸟，雌性 （*Sa femelle*）

小斑啄木鸟雌、雄两性的区别主要在于，雌鸟羽冠呈白色，而非红色。其他方面，雌雄没有任何区别。因此，可以根据小斑啄木鸟羽冠颜色判断其生物性别。

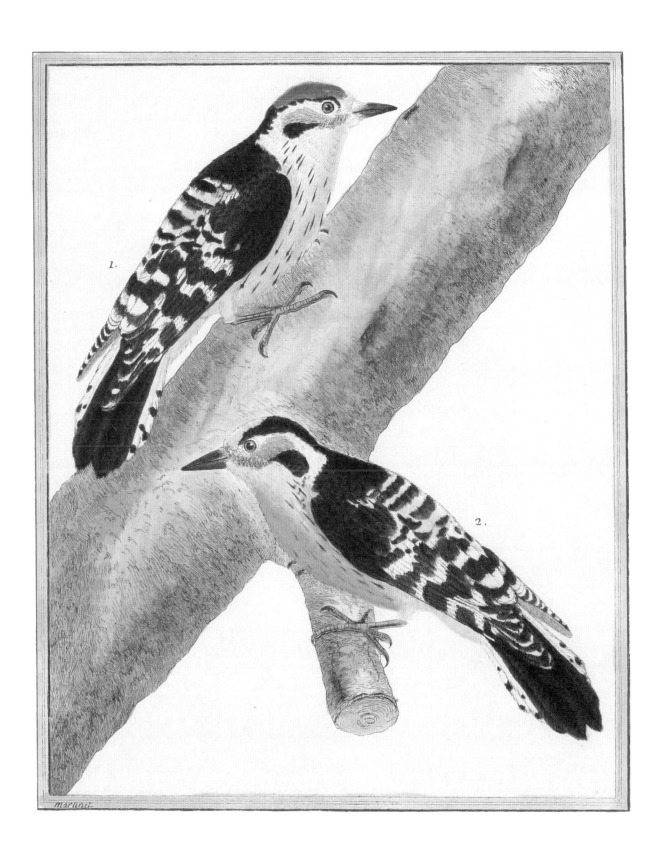

1. 卡宴赤叉尾蜂鸟（*Colibri de Cayenne, dit la Topaze*）

卡宴赤叉尾蜂鸟，为蜂鸟目、蜂鸟科。其喙尖而长，略向下弯。雄鸟尾极长，呈叉状；具色彩鲜艳羽毛，求偶以及飞行时，会展现亮丽的羽毛；一般雄性颜色越鲜艳，求偶成功率越大。经常活动在季节性洪水泛滥的雨林中，沿两岸林木中上层觅食，以花蜜和昆虫为食。其巢筑于雨林树枝上，呈杯状。该鸟主要分布在巴西北部、委内瑞拉东部、法属圭亚那地区及苏里南。

2. 苏里南赤叉尾蜂鸟，雌鸟（*Colibri violet de Surinam*）

该鸟为赤叉尾蜂鸟雌鸟。与雄鸟相比，苏里南赤叉尾蜂雌鸟尾部没有两条狭长赤尾；其颜色没有雄鸟的鲜艳，体色偏暗，下体沾紫色。雌鸟生活习性与分布区域同雄鸟。

1. 蜂鸟 (*Le Colibri*)

蜂鸟，为蜂鸟目、蜂鸟科。蜂鸟体型小，体羽呈鳞状，色彩亮丽，具金属光泽，其中雄鸟颜色较雌鸟更为鲜艳。喙细长而直，便于取食花蜜。两翼狭长，尾尖，呈叉状或球拍状。飞行时，蜂鸟两翅急速拍动，动作有力持久，发出类似蜜蜂飞行时的嗡嗡声，故得其名。其尤善停飞，甚至能够倒飞，是地球上唯一一种能够做到前后飞行和悬停的鸟类。

2. 卡宴紫腹蜂鸟 (*Colibri violet, de Cayenne*)

卡宴紫腹蜂鸟，喙宽而长；舌长，能够自由伸缩。头部、枕部至背部呈灰黑色；喉部和腹部呈紫色，偏酒红色；翼羽和尾羽呈绿色，前者颜色更深。该物种主要分布在圭亚那的卡宴地区。从全球来看，紫腹蜂鸟广泛分布在中美洲和南美洲，卡宴紫腹蜂鸟仅为其中一种变种。

3. 卡宴长尾蜂鸟 (*Colibri à longue queue, de Cayenne*)

卡宴长尾蜂鸟，喙窄而尖，极长，向下弯曲；上体呈深绿色，背部颜色较深；下体呈污白色，喉部颜色较浅；翼羽靠近末梢一段呈蓝灰色；尾羽呈棕色。该物种被称为"长尾蜂鸟"，并非因为其尾羽极长，而是因为在其尾羽中部有两根突出羽毛，格外长，呈叉状，十分显眼。其主要活动在法属圭亚那的卡宴等地区。

4. 苏里南红颈蜂鸟 (*Colibri à collier, de Surinam*)

苏里南红颈蜂鸟，喙细长而尖，向下弯曲；身披深绿色，头部、脸颊颜色较浅，背部颜色较深；颈前部和胸脯上部有一浅红色横向羽带，因此得名"红颈蜂鸟"；腹部至覆羽下部呈污白色。翼羽狭而长，大部分呈蓝灰色；尾羽以白色为主，中间两根羽毛呈绿色，这是苏里南红颈蜂鸟的区别特征。该物种分布在南美洲苏里南等国家和地区。

菲律宾栗喉蜂虎 (*Grand Guépier, des Philippines*)

墨西哥冠翠鸟 (*Martin-Pêcheur huppé, du Mexique*)